全国机械行业职业教育优质规划教材（高职高专）
经全国机械职业教育教学指导委员会审定

电气自动化技术专业

电 工 基 础

全国机械职业教育自动化类专业教学指导委员会（高职）组编
主　编　田贵福　宋冬萍
副主编　付慧敏　毕海婷
参　编　田伟男　陈　拓

机械工业出版社

全书共分 6 个模块，主要内容有：电路的基本知识，直流电路，正弦交流电路，磁路与变压器，电机，供配电系统及安全用电。

本书可作为高职高专院校电气自动化技术、机电一体化技术、机械制造与自动化及工业机器人技术等专业的教材，也可作为相关专业工程技术人员的参考书。

为方便教学，本书配有免费电子课件、习题答案、模拟试卷及答案，供教师参考。凡选用本书作为授课教材的教师，均可来电（010-88379375）索取，或登录机械工业出版社教育服务网（www.cmpedu.com），注册、免费下载。

图书在版编目（CIP）数据

电工基础/田贵福，宋冬萍主编. —北京：机械工业出版社，2018.3（2025.3 重印）

全国机械行业职业教育优质规划教材（高职高专） 经全国机械职业教育教学指导委员会审定

ISBN 978-7-111-59240-2

Ⅰ.①电… Ⅱ.①田… ②宋… Ⅲ.①电工学-高等职业教育-教材 Ⅳ.①TM1

中国版本图书馆 CIP 数据核字（2018）第 036134 号

机械工业出版社（北京市百万庄大街 22 号　邮政编码 100037）
策划编辑：于　宁　冯睿娟　责任编辑：于　宁　冯睿娟
责任校对：张　薇　　　　　　封面设计：鞠　杨
责任印制：郜　敏
北京富资园科技发展有限公司印刷
2025 年 3 月第 1 版第 9 次印刷
184mm×260mm・10.75 印张・254 千字
标准书号：ISBN 978-7-111-59240-2
定价：35.00 元

凡购本书，如有缺页、倒页、脱页，由本社发行部调换

电话服务　　　　　　　　　网络服务
客服电话：010-88361066　　机　工　官　网：www.cmpbook.com
　　　　　010-88379833　　机　工　官　博：weibo.com/cmp1952
　　　　　010-68326294　　金　书　网：www.golden-book.com
封底无防伪标均为盗版　　　机工教育服务网：www.cmpedu.com

前言

"电工基础"是电气自动化技术等专业的一门重要的技术基础课程,它的主要任务是让学生掌握电路和磁路的基本概念、基本定律和定理;直流电路和正弦交流电路的分析计算方法;简单磁路的分析计算方法;变压器和电动机的结构及工作原理;供配电系统知识和安全用电常识。为了能够更好地满足电气自动化技术等专业对此课程的教学内容要求以及现代高职教育以能力为本位的课程教学的要求,我们编写了本书。

本书特色:

1. 内容的选取与专业对课程的要求完全匹配

针对电气自动化技术等专业对电工基础课程的任务要求,我们对各个任务相对应的教学内容进行了重新整合,使得整本书的内容吻合专业对课程的要求。

2. 内容的合理序化与模块化组织

本书涵盖的内容较多,包括电路、磁路、电气设备以及供配电系统和安全用电常识。为了能够由浅入深,由单一到综合,我们对本书的内容安排进行了合理的序化,并且以模块化组织,思路清晰,易于理解。

3. 充分体现了能力本位的高职教育特点

与同类书相比,本书新增了电阻元件的识别与检测、电感与电容元件的识别与检测等内容,注重学生实践动手能力的培养,不仅如此,本书所选取的例题、习题也尽量贴近工程实际。

本书内容:

全书共分6个模块,每个模块都由概要、正文、模块小结和模块习题组成。每个模块的具体内容如下:

"模块1 电路的基本知识",分为六部分,分别为:常见电路,电路的概念、种类、组成及作用,元器件符号及电路图,理想电路元器件及电路模型图,电路中的基本物理量,电路的工作状态。

"模块2 直流电路",分为两部分,即简单直流电路和复杂直流电路。

"模块3 正弦交流电路",分为两部分,即单相正弦交流电路和三相正弦交流电路。

"模块4 磁路与变压器",分为三部分,即磁路及其分析方法,铁心线圈及电磁铁,变压器。

"模块5 电机",分为两部分,即直流电机和交流电动机。

"模块6 供配电系统及安全用电",分为四部分,即供配电系统概述,变配电常识,安全用电,触电急救。

本书由大庆职业学院田贵福担任第一主编，苏州工业职业技术学院宋冬萍担任第二主编，大庆职业学院付慧敏和烟台职业学院毕海婷担任副主编，吉林工业大学田伟男和大庆技师学院陈拓参加了编写。具体的分工如下：田贵福编写了模块3（模块3习题除外）和模块4（模块4习题除外）；宋冬萍编写了模块2（2.1.3和2.2.3除外）和模块5；付慧敏编写了模块6；毕海婷编写了模块1；田伟男编写了模块2中的2.2.3和模块3习题，并做了大量的统稿工作；陈拓编写了模块2中的2.1.3和模块4习题，同时也做了大量的统稿工作。

本书在编写过程中参考了有关书籍，在此对这些书籍的作者表示衷心的感谢。

由于编者水平有限，书中难免有疏漏和不足之处，敬请广大读者和同仁批评指正。

编　者

目 录

前 言
模块 1 电路的基本知识 ………………… 1
1.1 常见电路 ……………………………… 1
1.2 电路的概念、种类、组成及作用 ……… 1
1.3 元器件符号及电路图 ………………… 2
1.4 理想电路元器件及电路模型图 ……… 3
1.5 电路中的基本物理量 ………………… 3
  1.5.1 电流 ……………………………… 4
  1.5.2 电压与电位 ……………………… 5
  1.5.3 电动势 …………………………… 6
  1.5.4 功率与电能 ……………………… 7
1.6 电路的工作状态 ……………………… 8
  1.6.1 电路的有载工作状态 …………… 9
  1.6.2 电路的开路状态 ………………… 9
  1.6.3 电路的短路状态 ………………… 10
模块 1 小结 ………………………………… 10
模块 1 习题 ………………………………… 12

模块 2 直流电路 …………………………… 14
2.1 简单直流电路 ………………………… 14
  2.1.1 理想电路元器件的直流伏安
     特性 …………………………… 14
  2.1.2 电阻元件的识别与检测 ………… 19
  2.1.3 欧姆定律的代数形式及应用 …… 21
  2.1.4 电阻的串并联及等效与应用 …… 22
2.2 复杂直流电路 ………………………… 27
  2.2.1 基尔霍夫定律及应用 …………… 27
  2.2.2 支路电流法及应用 ……………… 30
  2.2.3 弥尔曼定理及应用 ……………… 31
  2.2.4 叠加定理及应用 ………………… 32
  2.2.5 电压源与电流源的等效变换及
     应用 …………………………… 34
  2.2.6 戴维南定理及应用 ……………… 37
模块 2 小结 ………………………………… 38

模块 2 习题 ………………………………… 40
模块 3 正弦交流电路 ……………………… 43
3.1 单相正弦交流电路 …………………… 43
  3.1.1 正弦量及其三要素 ……………… 43
  3.1.2 正弦量的相量表示 ……………… 47
  3.1.3 理想电路元件的交流伏安特性 …… 52
  3.1.4 电感元件与电容元件的识别与
     检测 …………………………… 57
  3.1.5 复阻抗、复阻抗的串并联及等效
     应用 …………………………… 61
  3.1.6 正弦交流电路的功率与功率
     因数 …………………………… 65
  3.1.7 正弦交流电路的谐振 …………… 69
  3.1.8 正弦交流电路的分析方法 ……… 72
3.2 三相正弦交流电路 …………………… 76
  3.2.1 三相正弦交流电源及其连接 …… 76
  3.2.2 三相负载及其连接 ……………… 79
  3.2.3 对称三相电路的计算 …………… 82
  3.2.4 不对称三相电路的计算 ………… 85
  3.2.5 三相电路的功率 ………………… 88
模块 3 小结 ………………………………… 90
模块 3 习题 ………………………………… 93

模块 4 磁路与变压器 ……………………… 99
4.1 磁路及其分析方法 …………………… 99
  4.1.1 磁场中的基本物理量 …………… 99
  4.1.2 铁磁性材料的磁性能 …………… 102
  4.1.3 磁路的基本定律 ………………… 105
4.2 铁心线圈及电磁铁 …………………… 108
  4.2.1 直流铁心线圈和直流电磁铁 …… 108
  4.2.2 交流铁心线圈和交流电磁铁 …… 111
4.3 变压器 ………………………………… 114
  4.3.1 变压器的结构及工作原理 ……… 114
  4.3.2 变压器的运行特性及种类 ……… 118

模块 4　小结 ………………………………… 121
　　模块 4　习题 ………………………………… 123
模块 5　电机 ………………………………… 126
　5.1　直流电机 ………………………………… 126
　　5.1.1　直流电机的结构及工作原理 …… 126
　　5.1.2　直流电机的种类和铭牌 ………… 129
　　5.1.3　直流电动机的特性 ……………… 130
　　5.1.4　直流电动机的控制方法 ………… 131
　5.2　交流电动机 ……………………………… 135
　　5.2.1　交流电动机的种类及用途 ……… 135
　　5.2.2　三相异步电动机的结构和工作
　　　　　　原理 …………………………… 139
　　5.2.3　三相异步电动机的特性 ………… 144
　　5.2.4　三相异步电动机的控制方法 …… 145
　　模块 5　小结 ………………………………… 149
　　模块 5　习题 ………………………………… 150
模块 6　供配电系统及安全用电 ………… 153

　6.1　供配电系统概述 ………………………… 153
　　6.1.1　电力系统 …………………………… 153
　　6.1.2　供配电系统 ………………………… 154
　6.2　变配电常识 ……………………………… 155
　　6.2.1　配电电压的选择 …………………… 155
　　6.2.2　低压配电线路 ……………………… 155
　6.3　安全用电 ………………………………… 157
　　6.3.1　影响人体触电后果的因素 ………… 157
　　6.3.2　触电方式 …………………………… 158
　　6.3.3　防止触电的保护措施 ……………… 159
　6.4　触电急救 ………………………………… 160
　　6.4.1　脱离电源 …………………………… 160
　　6.4.2　现场急救 …………………………… 160
　　模块 6　小结 ………………………………… 161
　　模块 6　习题 ………………………………… 162
参考文献 …………………………………… 163

模块 1

电路的基本知识

电流流通的路径为电路；一个电路主要由电源、负载和导线三部分组成。电路的一个作用是进行能量的转换、传输和分配；另一个作用是对电信号的处理和传递。电路图是用符号表示实物图的图示。电路模型是把实际电路的本质特征抽象出来所形成的理想化了的电路，简称电路。电路分析中常用到电流、电压、电动势、电位和功率等物理量，电路有三种状态，即有载工作状态、开路和短路状态。

本模块主要讲述电路的概念、种类、组成及作用；元器件符号及电路图；理想电路元件及电路模型图；电路中的基本物理量；电路的工作状态。

1.1 常见电路

自从19世纪以电力发明及其广泛应用为标志的第二次科技革命以来，人类生活进入了电气时代。小至生活照明，大到现代化大工业生产，电在现代工业、农业、科学技术以及国民经济等各个领域有着广泛的应用。我们经常见到的电路有很多，包括照明灯控制电路、电动机控制电路、电力供配电系统电路、电器仪表测量电路、家用电器电路、电视通信电路等。如图1-1简单照明控制电路图所示，此电路主要由电源、负载和导线三部分组成，除此之外还有断开和接通电路的开关。要使电路中电流流通，需要具备两个条件：电源能正常供电和电路必须是一个闭合的通路。为了便于研究和满足工程规划的需要，人们将电路的各个元器件及组成和关系用物理电学标准化的符号绘制成电路图。由电路图可以得知组件间的工作原理，为分析性能，安装电子、电器产品提供规划方案。

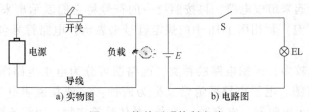

图 1-1 简单照明控制电路

1.2 电路的概念、种类、组成及作用

电路是电流流通的路径，它是由许多电气元器件（或电气设备）组成的，能够传输、

转换和分配电能或者能够处理和传递电信号。

电路根据作用不同可以分为电力电路（主要实现的是能量产生、传输与转换）和电子电路（主要实现的是信号的处理和传递）两大类。

现代工程技术领域中电路的结构形式和所能完成的任务是多种多样的，电路的一个作用是进行能量的转换、传输和分配。最典型例子就是电力系统电路，如图1-2所示，发电机将其他形式的能量转换成电能，经变压器、输电线传输到各用电部门，在那里又把电能转换成光能、热能、机械能等其他形式的能而加以利用。

图1-2 电力系统电路

电路的另一个作用是对电信号的处理和传递。例如图1-3所示的收音机就是把电信号经过调谐、滤波、放大等环节的处理，使其成为人们所需要的其他信号。电路的这种作用在自动控制、通信、计算机技术等方面得到了广泛应用。

实际的电路是由各种元器件组成的，如图1-1a所示。按照它们在电路中的作用，这些元器件可分为电源、负载和传输控制器件三大类。

1）电源：是供给电能或发出电信号的设备。

2）负载：是用电或接收电信号的设备。

3）传输控制器件：是电源和负载中间的连接部分。包括连接导线、控制电器（如开关）和保护电器（如熔断器）等。

图1-3 收音机

1.3 元器件符号及电路图

人们为研究、工程规划的需要，用物理电学标准化的符号绘制成一种表示各元器件组成及器件关系的原理布局图，我们称之为电路图。由电路图可以看出整个电路的工作原理，为分析性能，安装电子、电器产品提供规划方案。电路图是用导线将电源、开关、用电器、电流表、电压表等连接起来组成电路，再按照统一的符号将它们表示出来。如图1-1a中的电源、开关及负载（灯泡）就用图1-1b中的规定符号来表示，电路符号包括图形符号和文字代号两部分。

电路图的种类也较多，根据电路的种类，电路图可分为电工电路图和电子电路图。图1-1b就属于电工电路图。电子电路图通常又分为两种：一种是说明电子电路工作原理的，它用各种图形符号表示电阻器、电容器、开关、晶体管等实物，用线条把元器件和单元电路按工作原理的关系连接起来，这种图一般称为电子电路图；另一种是针对数字电路的，它是用各种逻辑符号表示门、触发器和各种逻辑部件，用线条把它们按逻辑关系连接起来，它是用来说明各个逻辑单元之间的逻辑关系和整机的逻辑功能的，这种图一般称为逻辑电路图，简称逻辑图。

电路图主要由元器件的电路符号（图形符号和文字代号）、连线、节点和注释四大部分组成。电路符号表示实际电路中的元器件,它的形状与实际的元器件不一定相似,甚至完全不一样,但是它一般都表示出了元器件的特点,而且引脚的数目都和实际元器件保持一致。

1.4 理想电路元器件及电路模型图

实际的电路元器件种类繁多,性能不尽相同,但它们都与电路中发生的电磁现象及过程有关,且有着共同之处。有些元器件主要是消耗电能的,如各种电阻器、电灯、电炉等。有些元器件主要是供给电能的,如发电机和电池等。有些元器件主要是储存磁场能量的,如电感线圈。有些元器件主要是储存电场能量的,如电容器。这些都是它们的主要物理性质。除此之外,它们也有次要性质。如电阻器,通过电流时还会产生磁场,因而同时具有电感的性质;实际电感线圈是用金属导线绕制而成的,因而兼有电阻的性质。分析电路时,若将电路元器件的全部物理性质都考虑进去,在工程实践中不但带来很大困难,也没有必要这样做。因此,为了方便分析电路,在一定条件下对实际电路元器件加以近似化,忽略其次要性质,用一些足以表示实际电路元器件主要物理性质的模型来代替实际电路元器件。具有单一电磁特性的元器件称为理想电路元器件。

电路分析中常用的五种最基本的理想元器件是:表示将电能转换成热能的电阻元件,如图 1-4a 所示;表示磁场现象的电感元件,如图 1-4b 所示;表示电场现象的电容元件,如图 1-4c 所示;还有理想电压源(如图 1-4d 所示,当理想电压源为直流时,文字符号用大写来表示)和理想电流源(如图 1-4e 所示,当理想电流源为直流时,文字符号用大写来表示)。每一种理想元器件都有各自的图形符号和文字符号。

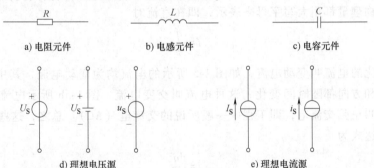

图 1-4 理想元器件符号

用抽象的理想元器件及其组合近似地替代实际电路元器件,从而构成了与实际电路相对应的电路模型。所谓电路模型就是把实际电路的本质特征抽象出来所形成的理想化了的电路。无论简单的还是复杂的实际电路都可以通过理想化的电路模型充分地描述。

今后的电路分析都用的是电路模型(简称电路)。在电路模型中,各种理想元器件用规定的图形符号和文字符号表示。

1.5 电路中的基本物理量

电路分析中常用到电流、电压、电位、电动势、功率与电能等基本物理量,本节对这些物理量以及与它们有关的概念进行简要说明。

1.5.1 电流

电荷有规则的运动形成了电流。在金属导体中，电流是自由电子有规则的运动形成的；在半导体中，电流是由半导体中自由电子和空穴有规则的运动形成的；在电解质溶液中，电流则是正、负离子有规则的运动形成的。

单位时间内通过导体截面的电荷量定义为电流强度，并用它来衡量电流的大小。电流强度简称为电流，用 i 表示，根据定义有

$$i = \frac{\mathrm{d}q}{\mathrm{d}t} \tag{1-1}$$

式中，$\mathrm{d}q$ 为导体截面中在 $\mathrm{d}t$ 时间内通过的电荷量。

国际单位制（SI）中，电荷量的单位为库仑（C）；时间的单位为秒（s）；电流的单位为安培，简称安（A）。常用的单位还有微安（μA）、毫安（mA）及千安（kA）等，其换算关系为

$$1\mathrm{A} = 10^3 \mathrm{mA} = 10^6 \mu\mathrm{A} \qquad 1\mathrm{kA} = 10^3 \mathrm{A}$$

习惯上将正电荷移动的方向规定为电流的方向。

电流是客观存在的物理现象，虽然看不见摸不着，但可以通过电流的各种效应来体现它的客观存在。日常生活中的开灯、关灯就可体现电流的"存在"与"消失"。这样，电流一词不仅代表一个物理量，而且也代表一种物理现象。

大小和方向都不随时间改变的电流叫直流电流，简称直流（DC），用 I 表示。以后对不随时间变化的物理量都用大写字母来表示，即在直流时

$$I = \frac{q}{t} \tag{1-2}$$

随时间变化的电流叫变动电流，如图 1-5 所示的电流均为变动电流，其中图 1-5a、b 所示电流的大小和方向都随时间变化，这种电流叫交变电流，图 1-5b 所示电流随时间按正弦规律变化，则叫正弦交流电，即工程中一般所说的交流电（AC）。总之，这些电流都是时间的函数，其表达式为

$$i = \frac{\mathrm{d}q}{\mathrm{d}t}$$

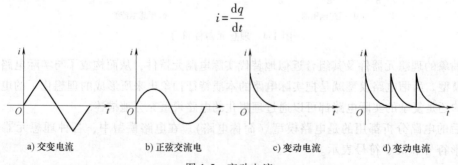

a) 交变电流　　b) 正弦交流电　　c) 变动电流　　d) 变动电流

图 1-5　变动电流

在电路问题中，特别是电路比较复杂时，电流的实际方向往往难以确定，尤其是交流电路中，电流的方向随时间变化，根本无法确定它的实际方向。为此引入参考方向这一概念。参考方向可以任意设定，在电路中用箭头表示，并且规定，如果电流的实际方向与参考方向

一致，则电流为正值；反之，电流为负值，如图 1-6 所示。我们可以把电流看成一个代数值，它既可以为正，也可以为负，电路中给出的电流方向均为参考方向。特别注意，不设定参考方向而谈电流的正负是没有任何意义的。

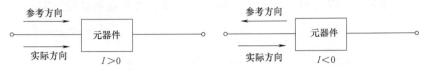

图 1-6 电流的参考方向与实际方向的关系

例 1-1 在图 1-7 中，各电流的参考方向已设定。已知 $I_1 = 10A$，$I_2 = -2A$，$I_3 = 8A$。试确定 I_1、I_2、I_3 的实际方向。

解：因 $I_1 > 0$，故 I_1 的实际方向与参考方向相同，I_1 由 a 点流向 b 点。

因 $I_2 < 0$，故 I_2 的实际方向与参考方向相反，I_2 由 b 点流向 c 点。

因 $I_3 > 0$，故 I_3 的实际方向与参考方向相同，I_3 由 b 点流向 d 点。

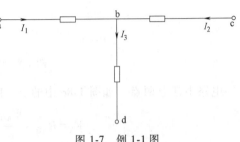

图 1-7 例 1-1 图

1.5.2 电压与电位

电场力把单位电荷从 A 点移动到 B 点所做的功，在数值上就等于 AB 两点间的电压，用 U_{AB} 表示。电压是表征电场性质的物理量之一，它反映了电场力移动电荷做功的本领。大小和方向都不随时间变化的电压，即直流电压，其定义式为

$$U_{AB} = \frac{W_{AB}}{q} \tag{1-3}$$

而随时间变化的电压，则用 u_{AB} 表示，有

$$u_{AB} = \frac{dW_{AB}}{dq} \tag{1-4}$$

电压的单位是伏特，简称伏，用 V 表示，常用的还有微伏（μV）、毫伏（mV）及千伏（kV）等单位。

由电压的定义可见，如果正电荷从 A 点移动到 B 点是电场力做功，那么正电荷从 B 点移动到 A 点必定有一种外力在克服电场力做功，或者说电场力做了负功，即，$dW_{AB} = -dW_{BA}$，则 $u_{AB} = -u_{BA}$。这说明，对两点间的电压必须分清起点和终点，也就是说电压是有方向的。电压的实际方向是电场力对正电荷做正功的方向。判断和表示电压实际方向，也要采用参考方向（或参考极性），而电压实际方向要由其参考方向和电压数值的正、负一起判断。图 1-8a 电压 U 的参考方向是从 a 指向 b，若 $U = -3V$，说明电压实际方向与参考方向相反，即由 b 指向 a；若 $U = 3V$，说明实际方向与参考方向一致。参考方向也用"+""-"极性或双下标表示，如图 1-8b 所示，表示电压参考方向是由"+"极性指向"-"极性，或说由 a 指向 b。

若取电路一点为参考点，则任一点到参考点间的电压称为该点的电位，如图 1-8c 所示，

设 O 点为参考点，则 A 点到 O 点间电压 U_{AO} 称为 A 点电位，用 V_A 表示，即

$$V_A = U_{AO} \tag{1-5}$$

电位的参考点可任取，计算电路时常选择大地、设备外壳或接地点作为参考点。在一个连通的系统中只能选一个参考点。由参考点的定义可知，参考点的电位为零。

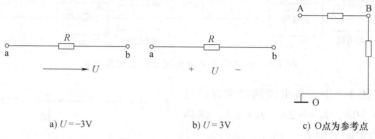

a) $U = -3V$　　　　b) $U = 3V$　　　　c) O点为参考点

图 1-8　电压与电位示意图

电路中任意两点，如图 1-8c 中的 A、B，由定义得

$$V_A = U_{AO} = \frac{W_{AO}}{q} = \frac{W_{AB} + W_{BO}}{q} = U_{AB} + V_B$$

即

$$U_{AB} = V_A - V_B \tag{1-6}$$

上式说明：电路中任意两点间的电压等于这两点的电位之差。所以电压和电位一般可以认为意义相同。从上式还可看出，当 A 点电位高于 B 点电位时，U_{AB} 为正值；反之，U_{AB} 为负值，说明两点间电压的实际方向是从高电位指向低电位，或者说电压的实际方向就是电位降落的方向。

应该注意，电路中参考点选定之后，各点电位是一个定值，若参考点改变，则各点电位随之改变，而任意两点间电压不变，即任意一点的电位与参考点选择有关，而任意两点间电压则与参考点的选择无关。在电路中不指明参考点而谈某点的电位是没有意义的。在一个电路系统中只能选一个参考点，至于选哪点为参考点，要根据分析问题的方便而定。在电子电路中常选一条特定的公共线作为参考点，这条公共线常是很多元件的汇集处且与机壳相连，因此在电子电路中参考点用接机壳符号"⊥"表示。

两点间电压一般用带双下标的 U 表示，某一点电位则常用单下标的 V 表示（有时也用 U 表示）。电位和电压单位一样，都是伏特（V）。

引入电位概念后，先取电路中任一点为参考点，这样只要求出各点电位，则任意两点间的电压便很容易求出。电位的计算步骤：

1) 任选电路中某一点作为参考点，设其电位为零。
2) 标出各电流参考方向并计算。
3) 计算各点至参考点间的电压即为各点的电位。

1.5.3　电动势

如图 1-9 所示的两个电极 A 和 B，A 带正电称正极，B 带负电称负极，在 A、B 之间形成了电场。用导线把 A、B 两极连接起来，在电场力作用下正电荷沿着导线从 A 移到 B（实质上是导体中的自由电子在电场力作用下从 B 移到了 A），形成了电流 i。随着正电荷不断地

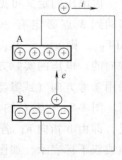

图 1-9　电源力做功示意图

从 A 移到 B，A、B 两极间的电场逐渐减弱，以至消失，这样，导线中的电流也会减至零。为了维持连续不断的电流，必须保持 A、B 间有一定的电位差，即保持一定的电场。这就需要有一种力来克服电场力把正电荷不断地从 B 极移到 A 极去。电源就是能产生这种力的装置，这种力称之为电源力。例如在发电机中，导体在磁场中运动时，就有磁场能转换为电源力；在电池中，就有化学能转换为电源力。

电源力把单位正电荷从电源的负极移到正极所做的功称为电源的电动势，用 e 表示，即

$$e = \frac{dW_{BA}}{dq} \quad (1-7)$$

式中，dW_{BA} 表示电源力将 dq 的正电荷从 B 移到 A 所做的功。显然，电动势与电压有相同的单位伏特（V），其实际方向规定为从低电位指向高电位，和电压的方向相反。

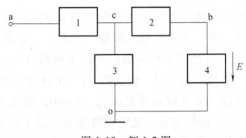

图 1-10 例 1-2 图

电动势与电压虽然在物理意义上不同，但二者都可表示电源两端电位的高低。因为电压实际方向是由高电位指向低电位，电动势实际方向是由低电位指向高电位，即二者实际方向的规定相反，若 e 和 u 的参考方向选择得相反，则有 $u=e$，若 e 和 u 的参考方向选择得相同，则有 $e=-u$。

例 1-2 在图 1-10 所示电路中，已知 $V_a = 50V$，$V_b = -40V$，$V_c = 30V$，

（1）求 U_{ba} 及 U_{ac}。

（2）若元件 4 为一具有电动势 E 的电源装置，在图中所标的参考方向下求 E 的值。

解：（1）因为电压就是电位差，所以

$$U_{ba} = V_b - V_a = (-40-50)V = -90V \qquad U_{ac} = V_a - V_c = (50-30)V = 20V$$

（2）根据电位的定义

$$V_b = U_{bo}$$

图中，电动势 E 的参考方向是与电压 U_{bo} 的参考方向相同，故有关系式

$$E = -U_{bo}$$

即

$$E = -V_b = 40V$$

1.5.4 功率与电能

电流经电路元器件从高电位流向低电位，是电场力做功的结果，此时元器件吸收能量；当电流经电路元件从低电位流向高电位则需要外力做功，此时元器件释放出能量。把单位时间内电路元器件吸收或释放的电能定义为该电路的功率，用 P 或 p 表示。

$$P = \frac{W}{t} \quad \text{或} \quad p = \frac{dW}{dt} \quad (1-8)$$

据电压定义和电流定义

$$u = \frac{dW}{dq}$$

$$i = \frac{dq}{dt}$$

可得
$$dW = udq = uidt$$
$$p = \frac{dW}{dt} = ui \tag{1-9}$$

直流电路中则有
$$P = UI \tag{1-10}$$

在国际单位制中，功率的单位为瓦特，简称瓦（W）、此外还常用千瓦（kW）、毫瓦（mW）等单位。

根据电路元器件电压、电流参考方向及功率的正负来确定该电路元器件是吸收还是释放出功率，是一个很关键的问题。在电压、电流参考方向相同（关联参考方向）时，若 $p>0$，则说明 u、i 实际方向一致，这时正电荷从元器件高电位移向低电位，电场力做正功，元器件吸收能量；若 $p<0$，则说明 u、i 实际方向相反，元器件释放电能。如果电压与电流参考方向相反（非关联参考方向），且 $p>0$，则说明 u、i 实际方向也相反，元器件释放电能；若 $p<0$，则元器件实际上是吸收电能的。以上有关功率的讨论，同样也适合于任何一段电路或一个网络，而不仅仅局限于一个元器件。

例 1-3 如图 1-11 所示，方框代表电源或电阻，各电压、电流的参考方向均已设定。已知 $I_1 = 2A$，$I_2 = -1A$，$I_3 = -1A$，$U_1 = 7V$，$U_2 = 3V$，$U_3 = 4V$，$U_4 = 8V$，$U_5 = 4V$。求各元器件消耗或向外提供的功率。

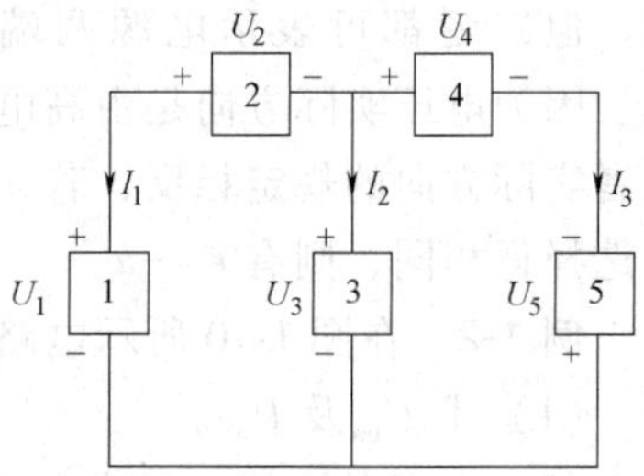

解：元器件 1、3、4 的电压、电流为关联参考方向，则
$$P_1 = U_1 I_1 = 7 \times 2 W = 14W \quad （吸收）$$
$$P_3 = U_3 I_2 = 4 \times (-1) W = -4W \quad （释放）$$
$$P_4 = U_4 I_3 = 8 \times (-1) W = -8W \quad （释放）$$

图 1-11 例 1-3 图

元器件 2、5 的电压、电流为非关联参考方向，则
$$P_2 = -U_2 I_1 = -3 \times 2 W = -6W \quad （释放）$$
$$P_5 = -U_5 I_3 = -4 \times (-1) W = 4W \quad （吸收）$$

式（1-9）可写为
$$dW = pdt$$

在 t_0 到 t_1 的一段时间内，电路消耗的电能应为
$$W = \int_{t_0}^{t_1} p dt \tag{1-11}$$

直流时，p 为常量，则
$$W = P(t_1 - t_0) \tag{1-12}$$

国际单位制中，电能 W 的单位是焦耳（J），它表示功率为 1W 的用电设备在 1s 时间内所消耗的电能。实际应用中还常用到千瓦小时（kW·h）或称度，换算关系如下
$$1 \text{度} = 1kW \cdot h = (10^3 \times 3600)J = 3.6 \times 10^6 J$$

1.6 电路的工作状态

电路有三种状态，即有载工作状态、开路和短路状态。下面以最简单的直流电路为例分

别讨论电路三种状态下，实际电源输出的电流和电压。

1.6.1 电路的有载工作状态

如图 1-12 和图 1-13 所示，将开关 S 闭合，电源与负载接通，这就是电路的有载工作状态。

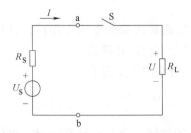

图 1-12 电压源的有载工作状态

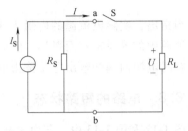

图 1-13 电流源的有载工作状态

在图 1-12 的参考方向下，实际电压源的输出电流和电压为

$$I = \frac{U_S}{R_S + R_L}$$
$$U = U_S - R_S I$$
(1-13)

在图 1-13 的参考方向下，实际电流源的输出电压和电流为

$$U = \frac{R_S R_L}{R_S + R_L} I_S$$
$$I = I_S - \frac{U}{R_S}$$
(1-14)

由式（1-13）和式（1-14）可知，实际电压源电路中，负载上的电压 U 总是小于电压源的电压 U_S；而对于实际电流源电路中，负载上的电流 I 总是小于电流源的电流 I_S。在电源参数不变的情况下，电源输出的电压和电流取决于负载的大小。

实际使用中，流过电源和负载的电流不能无限制地增加，否则会由于电流过大而烧坏电源或负载。因此，各种用电设备或电路元器件的电压、电流、功率等参数都有规定的使用数据，这些数据称为该用电设备或电路元器件的额定值。确切地说，额定值是制造厂为了使产品能在给定的工作条件下正常运行而规定的正常容许值。按照额定值来使用是最经济、最合理和最安全的，也能使电气设备有正常的使用寿命。大多数电气设备的寿命与绝缘材料的耐热性能及绝缘强度有关。当电流超过额定值过多时，由于过热而使绝缘材料损坏；当所加电压超过额定值过多时，绝缘材料可能被电击穿。反之，如果电气设备使用时的电压和电流远低于其额定值时，往往会使设备不能正常工作，或者不能充分利用设备能力，达到预期的工作效果。例如，电流或电压过低，电灯灯光会很暗，电动机则不能起动等。

1.6.2 电路的开路状态

在图 1-12 和图 1-13 中，打开开关 S，则电路处于开路状态，也称空载状态。在这种情况下，外电路的电阻相当于无穷大，此时，外电路的电流为零。于是，电压源的输出电压和电流为

$$U = U_S$$
$$I = 0$$

电流源的输出电压和电流为

$$U = R_S I_S$$
$$I = 0$$

应当指出，实际电流源的内阻 R_S 很大，开路时，电流源两端的电压会很高，这样会将实际电流源内的绝缘击穿而毁坏，因此，实际的电流源是不允许开路的。

开路时电源两端的输出电压称为电源的开路电压，通常用 U_{OC} 表示。

1.6.3 电路的短路状态

在图 1-12 和图 1-13 中，若由于某种原因而使电源的两端 a 和 b 连接在一起，电源就被短路，如图 1-14 所示。在这种情况下，外电路的电阻相当于零，此时，电流 I 不经过负载 R_L 而经过短路线直接流回电源，于是短路时的电压源的输出电压和电流为

$$U = 0$$
$$I = \frac{U_S}{R_S}$$

电流源的输出电压和电流为

$$U = 0$$
$$I = I_S$$

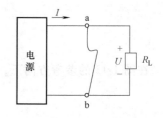

图 1-14 电源的短路状态

短路时的电流称为短路电流，通常用 I_{SC} 表示。应当指出，因为电压源的内阻 R_S 很小，所以短路时流过电压源的电流 I 很大。这样大的电流将使电源内部因过热而烧坏，所以，理想电压源和实际的电压源都是不允许短路的。短路是一种严重事故，要特别引起注意。为了防止短路，在电路中通常接入保护装置，例如，熔断器、短路自动跳闸装置等，以便一旦发生短路，能自动切断电源。

例 1-4 若已知电源的开路电压 $U_{OC} = 12V$，短路电流 $I_{SC} = 30A$，试问该电源的电压 U_S 和内阻 R_S 各为多少？

解： 由电源开路和短路时的特点可知电源电压为

$$U_S = U_{OC} = 12V$$

电源内阻为

$$R_S = \frac{U_S}{I_{SC}} = \frac{U_{OC}}{I_{SC}} = \frac{12V}{30A} = 0.4\Omega$$

这就是利用电源的开路电压和短路电流计算电源电压和内阻的一种方法。但是，实际使用中，一定要避免电压源短路和电流源开路这两种情况的发生。

模块 1 小 结

1. 电路的基本知识

（1）电路的概念 电路是电流流通的路径，它是由许多电气元器件（或电气设备）组成的，能够传输、转换和分配电能或者能够处理和传递电信号的有机整体。

（2）电路的作用及组成

1）电路的作用。一是实现电能的转换、传输与分配（电力电路）；二是实现信号的处理与传递（电子电路）。

2）电路的组成。电路是由各种电路器件组成的，按照它们在电路中的作用，这些器件可分为电源、负载和传输控制器件三大类。

① 电源：是供给电能或发出电信号的设备。

② 负载：是用电或接收电信号的设备。

③ 传输控制器件：是电源和负载中间的连接部分。包括连接导线、控制电器（如开关）和保护电器（如熔断器）等。

（3）理想电路元器件　理想电路元器件：表示具有单一电磁特性的元器件。

1）电阻元件。只消耗电能。

2）电感元件。不消耗电能，储存磁场能。

3）电容元件。不消耗电能，储存电场能。

4）电源元件

理想电流源：输出电流与端电压无关。

理想电压源：端电压与输出电流无关。

2. 电路中的基本物理量

（1）电流　定义：电荷有规则的运动形成了电流。

公式：$i=\dfrac{\mathrm{d}q}{\mathrm{d}t}$

单位：安培（A）、微安（μA）、毫安（mA）及千安（kA）等。

符号：直流（DC），用大写字母 I 表示；交流电（AC），用小写字母 i 表示。

方向：电流的参考方向可以任意设定，在电路中可以用箭头表示，并且规定，如果电流的实际方向与参考方向一致，电流为正值；反之，电流为负值。

（2）电位与电压

1）电位：电路中某点 A 的电位是指单位正电荷在电场力作用下，自该点沿任意路径移动到参考点所做的功。电位用 "V_A" 表示。通常设参考点的电位为零。

① 某点电位为正，说明该点电位比参考点电位高。

② 某点电位为负，说明该点电位比参考点电位低。

2）电压：电路中两点间的电位差 $U_{AB}=V_A-V_B$。

电位的计算步骤：

① 任选电路中某一点作为参考点，设其电位为零。

② 标出各电流参考方向并计算。

③ 计算各点至参考点间的电压即为各点的电位。

电路中参考点不同，则电位值不同。但是，无论参考点如何变换，两点间的电压始终不变。因此，对电位来说，参考点至关重要。在分析电路时，参考点只能选择一个。参考点选定之后，其余各点的电位值也就确定，这就是所谓的"电位单值性"。

（3）电动势　定义：电源力把单位正电荷从电源的负极移到正极所做的功称为电源的电动势，用 e 表示，即 $e=\dfrac{\mathrm{d}W_{-+}}{\mathrm{d}q}$。

单位：伏特（V）。

实际方向：规定为从低电位指向高电位。

电动势与电压的关系：若 e 和 u 的参考方向选择得相反，则有 $u=e$；若 e 和 u 的参考方向选择得相同，则有 $e=-u$。

（4）功率与电能　定义：把单位时间内电路元器件吸收或释放的电能定义为该电路的功率，用 P 或 p 表示。

公式：$p=ui$，直流电路中 $P=UI$。

单位：瓦特，简称瓦（W）。

电压与电流关联参考方向时，若 $p>0$，元器件吸收能量；若 $p<0$，元器件释放电能。

电压与电流非关联参考方向，若 $p>0$，元器件释放电能；若 $p<0$，元器件吸收电能。

3. 电路工作状态

电路有三种状态，即有载工作状态、开路和短路状态。

模块 1 习　题

1-1　已知某电路中 $U_{AB}=-5V$，请说明 A、B 两点中哪点电位高。

1-2　在图 1-15 中，已知，$V_a=-5V$，$V_b=3V$，求 U_{ac}、U_{bc}、U_{ab}。若改 b 为参考点，求 V_a、V_b、V_c，并再求 U_{ac}、U_{bc}、U_{ab}。

1-3　一个电路中某元件上的电压和电流在关联参考方向下，分别为 $U=-5V$，$I=2A$，求该元件的功率，并说明是吸收还是释放功率。

1-4　图 1-16 中方框 A 表示有两个接线端 a、b 的电路，在 a、b 间接入电压表时，其读数为 100V，在 a、b 间接 10Ω 电阻时，测得电流为 5A，那么 a、b 两点间的短路电流为多少？

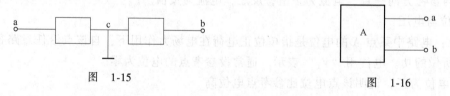

图　1-15　　　　　　　　　　　　图　1-16

1-5　在图 1-17 所示电路中，电源电动势 E 值为多少？

1-6　如图 1-18 所示，电流源和电阻元件的功率分别是多少？是释放还是吸收能量？

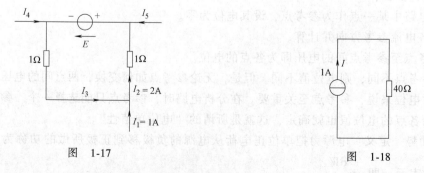

图　1-17　　　　　　　　　　　　图　1-18

1-7　在图 1-19 所示电路中，按给定的电压、电流参考方向，试求四个分图中各元件的端电压 U、电流 I 或功率 P（说明是吸收还是释放能量）。

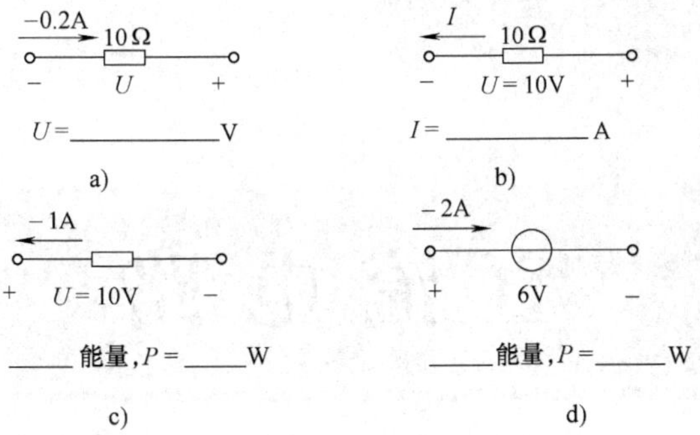

模块1 电路的基本知识

图 1-19

a) $U = \underline{2}$ V

b) $I = \underline{1}$ A

c) __吸收__ 能量，$P = \underline{10}$ W

d) __发出__ 能量，$P = \underline{12}$ W

模块 2

直流电路

　　如果电路中的电压和电流均为直流，这样的电路称为直流电路。直流电路又分为简单直流电路（只有一个回路或通过电阻的等效变换可变换为一个回路的电路）和复杂直流电路（有两个或两个以上回路的电路）。电路分析计算是依据电路中的基本定律和定理进行的。

　　本模块主要介绍了理想电路元器件的直流伏安特性、电阻元件的识别与检测、欧姆定律、电阻的串并联及等效；基尔霍夫定律、支路电流法、弥尔曼定理、叠加定理、电压源与电流源的等效变换、戴维南定理等复杂直流电路的分析方法。

2.1 简单直流电路

2.1.1 理想电路元器件的直流伏安特性

1. 电阻元件

　　（1）电阻的定义　导体对电流的阻碍作用，称为电阻。用符号 R 表示，单位为欧姆（Ω），除此之外，还有千欧（$k\Omega$）、兆欧（$M\Omega$）和吉欧（$G\Omega$）。其换算关系为

$$1G\Omega = 10^3 M\Omega = 10^6 k\Omega = 10^9 \Omega$$

　　在温度一定的条件下，截面均匀的电阻与导体的长度成正比，与导体的横截面积成反比，还与导电材料有关，即

$$R = \rho \frac{l}{S} \tag{2-1}$$

式中，ρ 表示导体的电阻率，单位为欧姆米（$\Omega \cdot m$）；l 为导体的长度，单位为米（m）；S 为导体的横截面积，单位为平方米（m^2）；导体电阻的单位为欧姆（Ω）。

　　电阻率与导体材料的性质和所处温度有关，而与导体的几何尺寸无关。在通常温度下，几乎所有金属导体的电阻值 R 与温度 t 之间都有以下近似关系，即

$$R_2 = R_1[1 + \alpha(t_1 - t_2)]$$

则

$$\alpha = \frac{R_2 - R_1}{R_1(t_2 - t_1)} \tag{2-2}$$

式中，α 为电阻温度系数，其值为温度升高 1℃ 时导体电阻所产生的变动值与原电阻值的比值，单位是 1/℃。

　　电阻的倒数称为电导，表示材料导电能力的一个参数，用符号 G 表示，单位是西门子（S）。

$$G = \frac{1}{R} \tag{2-3}$$

当电流通过电阻时,电流的热效应使电阻发热,电能转化为热能,所以电阻是耗能元件。

(2) 电阻元件的伏安关系　在关联参考方向下,电阻元件的电压与电流的关系为

$$u = iR \tag{2-4}$$

显然:$i = \frac{u}{R}$ 或者 $R = \frac{u}{i}$。

电阻元件的功率为

$$P = ui = \frac{u^2}{R} = i^2 R \tag{2-5}$$

对于直流电路,电压与电流的关系以及电阻元件的功率为

$$U = IR$$

$$P = UI = \frac{U^2}{R} = I^2 R \tag{2-6}$$

以电压为横坐标,电流为纵坐标,画出一个直角坐标,该坐标平面称为 u-i 平面,电阻元件的电压与电流关系可以用 u-i 平面上的一条曲线来表示,称为电阻元件的伏安特性曲线。

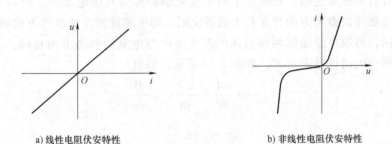

a) 线性电阻伏安特性　　　　b) 非线性电阻伏安特性

图 2-1　电阻元件伏安特性曲线

若电阻值与其工作电压或电流无关,则称其为线性电阻元件,其伏安特性曲线是一条通过原点的直线,如图 2-1a 所示。如果电阻的电阻值不是一个常数,会随着其工作电压或电流的变化而变化,则称为非线性电阻元件,如图 2-1b 所示。今后若未加说明,本书中所有电阻元件均指线性电阻元件。

2. 电感元件

(1) 电感　图 2-2a 所示的线圈就是一个电感器,线圈有 N 匝,并且绕得比较集中,通过各匝线圈的磁通 $\varPhi$ 都相同,那么我们把 $N\varPhi$ 称为磁链,用 $\varPsi$ 表示,即

$$\varPsi = N\varPhi$$

通常磁链或磁通是由流过线圈的电流 i 产生的,如图 2-2b 所示,我们把磁链和产生它的电流的比值称为电压线圈的电

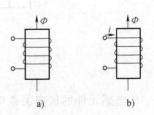

图 2-2　电感线圈的磁链

感，也称为自感，用 L 表示，即

$$L = \frac{\Psi}{i} = \frac{N\Phi}{i} \tag{2-7}$$

电感的单位是亨利（H），除此之外还有毫亨（mH）和微亨（μH），它们之间的换算关系为

$$1\text{H} = 10^3 \text{mH}$$
$$1\text{mH} = 10^3 \text{μH}$$

电感线圈的电感 L 与线圈的尺寸、匝数以及介质材料的导磁性能有关。当电感线圈的介质材料为非铁磁物质时，电感是一个常数，其值不随其工作电压或电流的变化而变化，称为线性电感；当电感线圈的介质材料为铁磁物质时，电感不是一个常数，其值随其工作电压或电流的变化而变化，称为非线性电感。今后若未加说明，本书中所有电感元件均指线性电感元件。

（2）电感元件的伏安关系　当通过电感线圈的磁通发生变化时，电感线圈两端会产生感应电动势。取感应电动势的参考方向与磁通的参考方向符合右手螺旋定则时，如图 2-3a 所示，则有

$$e = -N \frac{\mathrm{d}\Phi}{\mathrm{d}t} = -\frac{\mathrm{d}\Psi}{\mathrm{d}t} \tag{2-8}$$

当电感线圈的磁通是由通过线圈的电流 i 产生时，电感为 L。取电流的参考方向与磁通的参考方向符合右手螺旋定则，此时产生的感应电动势称为自感电动势，用 e_L 表示，取 e_L 的参考方向也与磁通的参考方向符合右手螺旋定则，即电感线圈电流参考方向和自感电动势的参考方向相同，再取电感线圈两端电压的参考方向与电流的参考方向相同，如图 2-3b 所示；当电感线圈用电路符号表示时，如图 2-3c 所示，则有

$$e_L = -N \frac{\mathrm{d}\Phi}{\mathrm{d}t} = -\frac{\mathrm{d}\Psi}{\mathrm{d}t} = -L \frac{\mathrm{d}i}{\mathrm{d}t} \tag{2-9}$$

$$u = -e_L = L \frac{\mathrm{d}i}{\mathrm{d}t} \tag{2-10}$$

式（2-10）就是电感元件的伏安关系。

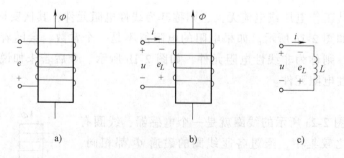

图 2-3　电感线圈的感应电动势

从电感元件的伏安关系可以看出，对于线性电感元件，它两端的电压（或自感电动势）与通过电感元件电流的变化率成正比，而自感电动势总是阻碍电流的变化，并且电流的频率越高，自感电动势越大，所以电感元件具有通低频阻高频的作用，在直流电路中，电感元件

相当于导线，无阻碍作用。

电感元件是储能元件，它实现的是电能和磁场能的转换，并不消耗能量，它储存的磁场能量为 $\frac{1}{2}Li^2$。

3. 电容元件

(1) 电容 如图 2-4a 所示，两个正对着的金属板中间被绝缘物质隔开就构成了一个电容器。电容器是能够储存电荷的元件，当电容器两端加上一定的电压后，电容器的两个极板上会累积一定数量的极性相反的电荷，如果电荷量为 q，电压为 u，则电荷量与电压的比值称为电容器的电容，用 C 表示，即

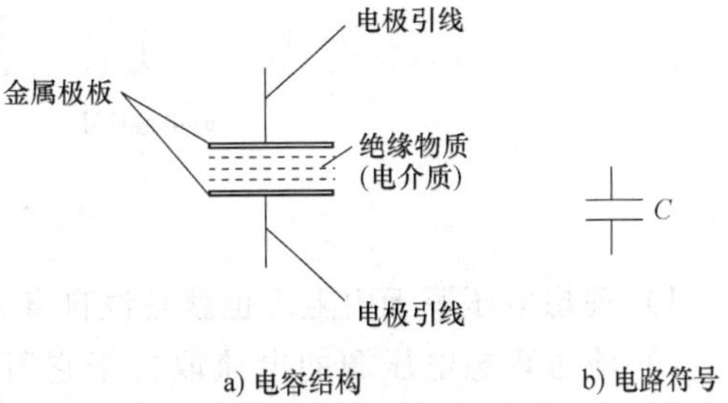

$$C = \frac{q}{u} \tag{2-11}$$

图 2-4 电容元件

电容的单位是法拉（F），除此之外还有微法（μF）、纳法（nF）及皮法（pF），它们之间的换算关系为

$$1F = 10^6 \mu F$$
$$1\mu F = 10^3 nF$$
$$1nF = 10^3 pF$$

电容器的电容与极板的正对面积、极板间的距离及极板间的介质材料有关。若电容器的电容不随电压和电流的变化而变化，即电容 C 为常数，则称为线性电容；若电容器的电容随电压和电流的变化而变化，即电容 C 不为常数，则称为非线性电容。今后若未加说明，本书中所有电容元件均指线性电容元件。

电容元件也为储能元件，它也不消耗能量，可与电源进行电能的交换，储存的电能为 $\frac{1}{2}Cu^2$。

(2) 电容元件的伏安关系 电容器两极板间的介质是绝缘的，电流无法流过，但由于电容器极板上累积的电荷量的变化（电荷量增多时，即为充电；电荷量减少时，即为放电），在电路中就形成了电流。电容元件的电路符号如图 2-4b 所示，设电容元件的电压参考方向和电流参考方向相同，即关联参考方向，则有

$$i = \frac{dq}{dt} = C\frac{du}{dt} \tag{2-12}$$

对于线性电容元件，C 是常数，即电容元件的电流与电压的变化率成正比，电压变化越快，电流就越大。所以说，电容元件具有通高频、阻低频的特性，对于直流电路而言，电容元件相当于开路。

4. 理想电源

(1) 理想电压源 理想电压源电路符号如图 2-5a 所示，理想直流电压源的伏安特性如图 2-5b 所示。

理想电压源具有如下两个特点：

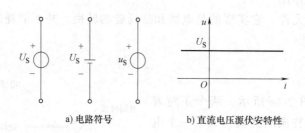

a) 电路符号　　　　　　　　b) 直流电压源伏安特性

图 2-5　理想电压源

1) 理想电压源无内阻，也就是说自身无功率损耗，它的端电压与流过它的电流无关。

2) 流过理想电压源的电流取决于它所连接的外电路，电流的大小和方向都由外电路决定。

理想电压源与任何二端元件（不包括不同值的理想电压源）并联，如图 2-6a 所示，都可以等效为该理想电压源（就外部特性而言），如图 2-6b 所示。

（2）理想电流源　理想电流源电路符号如图 2-7a 所示，理想直流电流源的伏安特性如图 2-7b 所示。

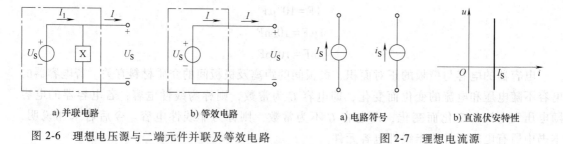

a) 并联电路　　　　　　b) 等效电路　　　　　　　　a) 电路符号　　　　b) 直流伏安特性

图 2-6　理想电压源与二端元件并联及等效电路　　　　图 2-7　理想电流源

理想电流源具有如下两个特点：

1) 理想电流源无内阻，也就是说自身无功率损耗，它的输出电流与它两端的电压无关。

2) 理想电流源两端的电压取决于它所连接的外电路，电压的大小和极性都由外电路决定。

理想电流源与任何二端元件（不包括不同值的理想电流源）串联，如图 2-8a 所示，都可以等效为该理想电流源（就外部特性而言），如图 2-8b 所示。

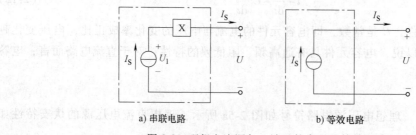

a) 串联电路　　　　　　　　b) 等效电路

图 2-8　理想电流源与二端元件串联及等效电路

2.1.2 电阻元件的识别与检测

1. 电阻器的命名方法

额定功率是电阻器长期安全使用所能承受的最大消耗功率的数值。常用的电阻功率为 1/8W、1/4W、1/2W 和 1W。功率越大,电阻体积也相应大一些。

根据国家标准 GB/T 2470—1995 规定,国产电阻器和电位器的型号由四部分组成,见表 2-1,第一部分:主称(用字母 R 表示);第二部分:材料(用字母表示);第三部分:产品主要特征(一般用数字或字母表示);第四部分:序号(用数字表示)。

表 2-1 电阻器型号中各部分的意义

第一部分		第二部分		第三部分		第四部分
用字母表示主称		用字母表示材料		用数字或字母表示产品主要特征		用数字表示序号
符号	意义	符号	意义	符号	意义	意义
R	电阻器	H	合成膜	1	普通	1. 对于材料、特征相同,仅尺寸和性能指标略有差异,但基本不影响互换性的产品可以给同一序号 2. 对于材料、特征相同,仅尺寸和性能指标有所差异,已明显影响互换时(但该差别并非是本质的,而属于在技术标准上进行统一的问题),仍给同一序号,但在序号后面加一字母作为区别代号
		I	玻璃釉膜	2	普通	
		J	金属膜	3	超高频	
		N	无机实心	4	高阻	
		S	有机实心	5	高温	
		T	碳膜	7	精密	
		X	绕线	8	高压	
		Y	氧化膜	9	特殊	
				G	功率型	

例如:"RJ73"表示精密金属膜电阻器。

注:由于电阻器品种不断发展,加上从国外引进了一些电阻器和电位器生产线,有些电阻器、电位器没有按照上述方法命名,请在使用时参阅各生产厂的产品手册。

2. 固定电阻器的标称值与允许偏差

标注在电阻体上的标准值称为电阻器的标称值。但是,电阻器的实际值往往与标称值不完全相符,即存在一定的误差,如果误差在允许的范围内,则该电阻器是合格器件。按规定,电阻器的标称阻值应符合阻值系列中的数值。目前电阻的数值有 E6、E12、E24 三大系列,电阻器的标称值应是表 2-2 所列数值的 10^n,其中 n 为正整数、负整数或零。

表 2-2 常用电阻器标称值系列

系列	允许误差	电 阻 器 的 标 称 值
E24	I 级(±5%)	1.0 1.1 1.2 1.3 1.5 1.6 1.8 2.0 2.2 2.4 2.7 3.0 3.3 3.6 3.9 4.3 4.7 5.1 5.6 6.2 6.8 7.5 8.2 9.1
E12	II 级(±10%)	1.0 1.2 1.5 1.8 2.2 2.7 3.3 3.9 4.7 5.6 6.8 8.2
E6	III 级(±20%)	1.0 1.5 2.2 3.3 4.7 6.8

电阻器的标称值和偏差在电阻体上标注的方法有以下几种:

(1)**直标法** 将主要参数直接标注在元件表面上的方法,这种方法主要用于体积较大的电阻器。

(2)**文字符号法** 将主要参数用文字符号和数字有规律的组合来表示的方法。标称值中常用符号是：R、K、M等，允许偏差中常用符号见表2-3。

表2-3 允许偏差中的常用符号

文字符号	W	B	C	D	F	G	J	K	M	N	R	S	Z
偏差(%)	±0.05	±0.1	±0.2	±0.5	±1	±2	±5	±10	±20	±30	+100 −10	+50 −20	+80 −20

例如，2R2 K ⟶ (2.2±0.22)Ω。

R33 J ⟶ (0.33±0.0165)Ω。

（3）数码法　用三位数码来表示电阻值的方法，其允许偏差通常用字母符号表示。识别方法是，从左到右第一、二位为有效数值，第三位为倍乘数（即零的个数），单位为Ω，常用于贴片元件。

例如：103 K ⟶ 标称值为：10 kΩ，允许偏差为：K。

222 J ⟶ 标称值为：2.2 kΩ，允许偏差为：J。

（4）色标法　用不同的颜色点或环来表示电阻器的标称阻值和允许误差的方法。其中的颜色是有具体规定的，见表2-4。色标法的电阻器有四色环标注和五色环标注两种。四色环用于普通电阻器，五色环用于精密电阻器，色环标志读数识别如图2-9所示，单位为Ω。

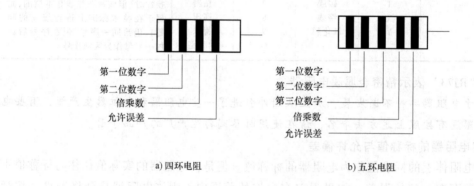

a) 四环电阻　　　b) 五环电阻

图2-9　固定电阻器色环标志读数识别

例如：四个色环依次是红、紫、橙、银，则电阻值为：27kΩ±10%。

例如：五个色环依次是棕、紫、绿、银、棕，则电阻值为：1.75Ω±1%。

表2-4　电阻器色标符号意义

颜色	有效数字第一位	有效数字第二位	有效数字第三位	倍乘数	允许误差(%)
棕	1	1	1	10^1	±1
红	2	2	2	10^2	±2
橙	3	3	3	10^3	
黄	4	4	4	10^4	
绿	5	5	5	10^5	±0.5
蓝	6	6	6	10^6	±0.25
紫	7	7	7	10^7	±0.1

(续)

颜色	有效数字第一位	有效数字第二位	有效数字第三位	倍乘数	允许误差(%)
灰	8	8	8	10^8	±0.05
白	9	9	9	10^9	
黑	0	0	0	10^0	±20%
金	—	—	—	10^{-1}	±5
银	—	—	—	10^{-2}	±10
无色	—	—	—	—	±20

3. 用万用表测量电阻

1) 测量前，应先检查表针是否停在左端的"0"位置，如果没有停在零位置，要用小螺钉旋具轻轻地转动表盘下边中间的调整定位螺钉，使指针指零。然后将红表笔插入"+"插口，黑表笔插入"-"插口。

2) 开始测量时，应把选择开关旋到某一量程的电阻档上（根据待测电阻的阻值选择合适的量程），然后进行电阻调零（将两表笔短接，调节电阻档的调零旋钮，使指针指在电阻刻度的零位上）。

3) 测量时，将两表笔分别与待测电阻的两端相接，尽量让指针指在刻度盘的中间位置。在表盘上读出示数，待测电阻的阻值 R = 示数×电阻档倍率。

4) 注意每次换量程都必须重新进行电阻调零。

5) 测量后，要把表笔从测试笔插孔拔出，并把选择开关置于"OFF"档或交流电压最高档，以防电池漏电。在长期不使用时，应把电池取出。

2.1.3 欧姆定律的代数形式及应用

物理中我们学过，流过电阻的电流与电阻两端电压成正比，这就是欧姆定律，它是分析电路的基本定律之一。欧姆定律的表达式为

$$I = \frac{U}{R} \tag{2-13}$$

以前我们应用欧姆定律表达式时，电源是已知的，电阻的电压和电流的实际方向也是默认已知的，即从电源的正极经过电阻指向负极，所以在利用欧姆定律表达式时，只考虑了电压和电流大小关系的问题。

对于复杂电路，我们有时很难确定电阻的电压和电流的实际方向，这样就无法默认，所以我们引入了参考方向的概念，即在电阻上标出电压和电流的参考方向（以后我们在电路中所标出的电压和电流的方向均为参考方向）。

有了参考方向，电压和电流就都成了代数量（即有正负之分）。那么在利用欧姆定律表达式时，不仅要考虑电压和电流的大小关系问题，还要考虑方向关系问题，即表达式前的正负号问题，这时欧姆定律的表达式就变成了代数形式。

由于电阻的电压和电流的实际方向一定是相同的，所以当我们选取电阻的电压和电流的参考方向相同（也称为关联参考方向）时，如图 2-10a 所示，电压和电流的计算结果一定是同号，在这种情况下，欧姆定律的代数形式为

$$I = \frac{U}{R} \tag{2-14}$$

式（2-14）是在直流电路中的欧姆定律表达式的代数形式，表面上和式（2-13）一样，实质上不同，它是代数形式。

当电压和电流的参考方向相同时，欧姆定律的表达式的通用代数形式（适用于任何电路）为

图 2-10　电阻元件电压与电流的参考方向
a) 参考方向相同　　b) 参考方向不同

$$i = \frac{u}{R} \tag{2-15}$$

当我们选取电阻的电压和电流的参考方向不同（也称非关联参考方向）时，如图 2-10b 所示，电压和电流的计算结果一定是异号，在直流电路中，欧姆定律的代数形式为

$$I = -\frac{U}{R} \tag{2-16}$$

图 2-11　计算流过电阻的电流
a) 电压与电流的参考方向相同　　b) 电压与电流的参考方向不同

当电压和电流的参考方向不同时，欧姆定律的表达式的通用代数形式（适用于任何电路）为

$$i = -\frac{u}{R} \tag{2-17}$$

例 2-1　已知 $U = 12\text{V}$，$R = 100\Omega$，分别计算图 2-11a 和图 2-11b 中通过电阻的电流 I，并说明，由于电流的参考方向选择的不同，会影响到电流的大小和实际方向吗？

解：对于图 2-11a，由于电压和电流的参考方向相同，根据式（2-14）有

$$I = \frac{U}{R} = \frac{12}{100}\text{A} = 0.12\text{A}$$

对于图 2-11b，由于电压和电流的参考方向不同，根据式（2-16）有

$$I = -\frac{U}{R} = -\frac{12}{100}\text{A} = -0.12\text{A}$$

从上面的计算结果可以看出，当电流的参考方向选取得不同时，电流的值虽不同，但实质上两个结果是一致的，即电流的大小都是 0.12A，电流的实际方向都是向下的，所以在利用欧姆定律计算时，电流参考方向选择得不同，不会影响到电流的大小和实际方向。

2.1.4　电阻的串并联及等效与应用

1. 等效电路的概念

二端网络：只有两个端钮与外电路相连接的网络，又称单口网络，如图 2-12 所示。

无源二端网络：网络 N 内部不含有电源的二端网络。

有源二端网络：网络 N 内部含有电源的二端网络。

如果一个单口网络的端口电压、电流关系与另一个单口网络的端口电压、电流关系相同,则称其为等效电路。等效电路的内部结构虽然不同,但对外部而言,电路影响完全相同,因此可以用一个简单的等效电路代替原来较复杂的网络,将电路简化。

在实际电路中,总会有多个电阻连接在一起使用,电阻的连接方式多种多样,最常用的是串联、并联和串与并的混联。

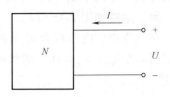

图 2-12 单口网络

2. 电阻串联电路的特点

在电路中,若干个电阻首尾依次相接,各电阻流过同一电流的连接方式,称为电阻的串联,如图 2-13 所示,电阻可扩展到 n 个。

设总电压为 U、电流为 I、总功率为 P。

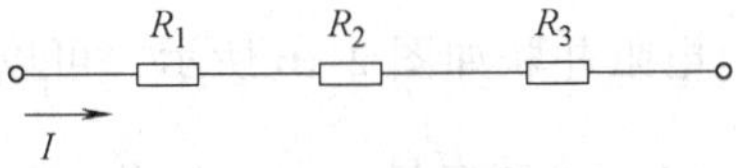

(1) 等效电阻:

$$R = R_1 + R_2 + \cdots + R_n \quad (2\text{-}18)$$

(2) 分压关系:

$$\frac{U_1}{R_1} = \frac{U_2}{R_2} = \cdots = \frac{U_n}{R_n} = \frac{U}{R} = I \quad (2\text{-}19)$$

图 2-13 电阻的串联

(3) 功率分配:

$$\frac{P_1}{R_1} = \frac{P_2}{R_2} = \cdots = \frac{P_n}{R_n} = \frac{P}{R} = I^2 \quad (2\text{-}20)$$

特例:两只电阻 R_1、R_2 串联时,等效电阻 $R = R_1 + R_2$,则有分压公式

$$U_1 = \frac{R_1}{R_1 + R_2} U \qquad U_2 = \frac{R_2}{R_1 + R_2} U \quad (2\text{-}21)$$

3. 电阻串联应用举例

例 2-2 有一盏额定电压 $U_1 = 40\text{V}$、额定电流 $I = 5\text{A}$ 的灯泡,应该怎样把它接入电压 $U = 220\text{V}$ 的照明电路中?

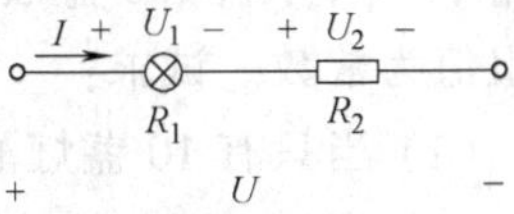

解:将灯泡(设电阻为 R_1)与一只分压电阻 R_2 串联后,接入 $U = 220\text{V}$ 的电源上,如图 2-14 所示。

图 2-14 例 2-2 图

解法一:分压电阻 R_2 上的电压为

$U_2 = U - U_1 = 220\text{V} - 40\text{V} = 180\text{V}$,且 $U_2 = R_2 I$,则

$$R_2 = \frac{U_2}{I} = \frac{180}{5}\Omega = 36\Omega$$

解法二:利用两只电阻串联的分压公式 $U_1 = \frac{R_1}{R_1 + R_2} U$,且 $R_1 = \frac{U_1}{I} = 8\Omega$,可得

$$R_2 = R_1 \frac{U - U_1}{U_1} = 36\Omega$$

即将灯泡与一只 36Ω 分压电阻串联后,接入 $U = 220\text{V}$ 的电源上即可。

例 2-3 有一只电流表,内阻 $R_g = 1\text{k}\Omega$,满偏电流 $I_g = 100\ \mu\text{A}$,要把它改成量程 $U_n = 3\text{V}$

的电压表，应该串联一只多大的分压电阻 R？

解：电路如图 2-15 所示。

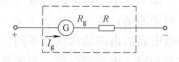

图 2-15 例 2-3 图

该电流表的电压量程 $U_g = R_g I_g = 0.1V$，与分压电阻 R 串联后的总电压 $U_n = 3V$，即将电压量程扩大到 $n = U_n/U_g = 30$ 倍。

利用两只电阻串联的分压公式，可得 $U_g = \dfrac{R_g}{R_g+R}U_n$，则

$$R = \dfrac{U_n - U_g}{U_g}R_g = \left(\dfrac{U_n}{U_g} - 1\right)R_g = (n-1)R_g = 29\text{k}\Omega$$

上例表明，将一只量程为 U_g、内阻为 R_g 的表头扩大到量程为 U_n，所需要的分压电阻为 $R = (n-1)R_g$，其中 $n = (U_n/U_g)$ 称为电压扩大倍数。

4. 电阻并联电路的特点

电阻并联如图 2-16 所示，可以扩展到 n 个，设总电流为 I、电压为 U、总功率为 P。

(1) 等效电导： $G = G_1 + G_2 + \cdots + G_n$ 即 $\dfrac{1}{R} = \dfrac{1}{R_1} + \dfrac{1}{R_2} + \cdots + \dfrac{1}{R_n}$ (2-22)

(2) 分流关系： $R_1 I_1 = R_2 I_2 = \cdots = R_n I_n = RI = U$ (2-23)

(3) 功率分配： $R_1 P_1 = R_2 P_2 = \cdots = R_n P_n = RP = U^2$ (2-24)

特例：两只电阻 R_1、R_2 并联时，等效电阻 $R = \dfrac{R_1 R_2}{R_1 + R_2}$，则有分流公式

$$I_1 = \dfrac{R_2}{R_1 + R_2}I \quad I_2 = \dfrac{R_1}{R_1 + R_2}I \tag{2-25}$$

5. 电阻并联应用举例

例 2-4 如图 2-17 所示，电源供电电压 $U = 220V$，每根输电导线的电阻均为 $R_1 = 1\Omega$，电路中一共并联 100 盏额定电压为 220V、功率为 40W 的灯泡。假设灯泡在工作（发光）时电阻值为常数。试求：

(1) 当只有 10 盏灯泡工作时，每盏灯泡的电压 U_L 和功率 P_L；

(2) 当 100 盏灯泡全部工作时，每盏灯泡的电压 U_L 和功率 P_L。

解：每盏灯泡的电阻 $R = U^2/P = 1210\Omega$，n 盏灯泡并联后的等效电阻 $R_n = R/n$。

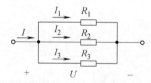

图 2-16 电阻的并联

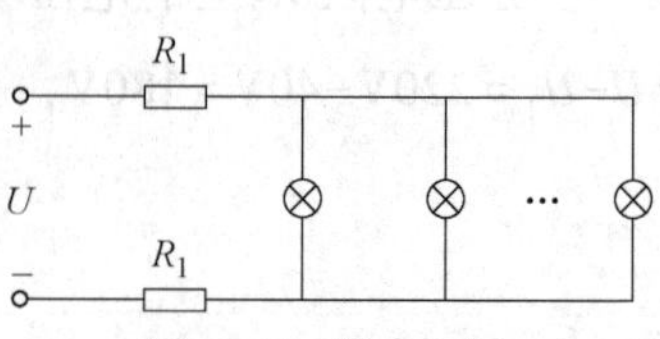

图 2-17 例 2-4 图

根据分压公式，可得每盏灯泡的电压

$$U_L = \dfrac{R_n}{2R_1 + R_n}U$$

功率

$$P_L = \dfrac{U_L^2}{R}$$

(1) 当只有10盏灯泡工作时，即 $n=10$，则 $R_n = R/n = 121\Omega$，因此

$$U_L = \frac{R_n}{2R_1 + R_n}U \approx 216V, P_L = \frac{U_L^2}{R} \approx 39W$$

(2) 当100盏灯泡全部工作时，即 $n=100$，则 $R_n = R/n = 12.1\Omega$，有

$$U_L = \frac{R_n}{2R_1 + R_n}U \approx 189V, P_L = \frac{U_L^2}{R} \approx 30W$$

例2-5 有一只微安表，满偏电流 $I_g = 100\mu A$、内阻 $R_g = 1k\Omega$，要改装成量程 $I_n = 100mA$ 的电流表，试求所需分流电阻 R。

解：如图2-18所示，设 $n = I_n/I_g$（称为电流量程扩大倍数），根据分流公式可得 $I_g = \frac{R}{R_g + R}I_n$，则 $R = \frac{R_g}{n-1}$，本题中 $n = I_n/I_g = 1000$，故 $R = \frac{R_g}{n-1} = \frac{1k\Omega}{1000-1} \approx 1\Omega$。

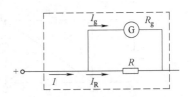

图2-18 例2-5图

上例表明：将一只量程为 I_g、内阻为 R_g 的表头扩大到量程为 I_n，所需要的分流电阻 $R = R_g/(n-1)$，其中 $n = I_n/I_g$ 称为电流扩大倍数。

6. 电阻混联的分析步骤

在电阻电路中，既有电阻的串联关系又有电阻的并联关系，称为电阻混联。对混联电路的分析和计算大体上可分为以下几个步骤：

1）首先整理清楚电路中电阻串、并联关系，必要时重新画出串、并联关系明确的电路图。

2）利用串、并联等效电阻公式计算出电路中总的等效电阻。

3）利用已知条件进行计算，确定电路的总电压与总电流。

4）根据电阻分压关系和分流关系，逐步推算出各支路的电流或电压。

7. 电阻混联应用举例

例2-6 如图2-19所示，已知 $R_1 = R_2 = 8\Omega$，$R_3 = R_4 = 6\Omega$，$R_5 = R_6 = 4\Omega$，$R_7 = R_8 = 24\Omega$，$R_9 = 16\Omega$；电压 $U = 224V$。试求：

(1) 电路总的等效电阻 R_{AB} 与总电流 I_Σ。

(2) 电阻 R_9 两端的电压 U_9 与通过它的电流 I_9。

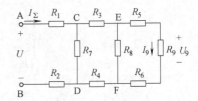

图2-19 例2-6图

解：(1) R_5、R_6、R_9 三者串联后，再与 R_8 并联，E、F两端等效电阻为

$$R_{EF} = (R_5 + R_6 + R_9) // R_8 = 24\Omega // 24\Omega = 12\Omega$$

R_{EF}、R_3、R_4 三者串联后，再与 R_7 并联，C、D两端等效电阻为

$$R_{CD} = (R_3 + R_{EF} + R_4) // R_7 = 24\Omega // 24\Omega = 12\Omega$$

总的等效电阻 $\qquad R_{AB} = R_1 + R_{CD} + R_2 = 28\Omega$

总电流 $\qquad I_\Sigma = U/R_{AB} = (224/28)A = 8A$

(2) 利用分压关系求各部分电压：

$$U_{CD} = R_{CD}I_\Sigma = 96\text{V},$$

$$U_{EF} = \frac{R_{EF}}{R_3 + R_{EF} + R_4} U_{CD} = \frac{12}{24} \times 96\text{V} = 48\text{V}$$

$$I_9 = \frac{U_{EF}}{R_5 + R_6 + R_9} = 2\text{A}$$

$$U_9 = R_9 I_9 = 32\text{V}$$

例 2-7 如图 2-20 所示，已知 $R = 10\Omega$，电源电动势 $E = 6\text{V}$，内阻 $r = 0.5\Omega$，试求电路中的总电流 I。

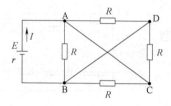

图 2-20 例 2-7 图

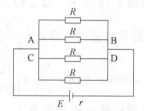

图 2-21 图 2-20 的等效电路

解：首先整理清楚电路中电阻串、并联关系，并画出等效电路，如图 2-21 所示。
四只电阻并联的等效电阻为

$$R_e = R/4 = 2.5\Omega$$

根据欧姆定律，电路中的总电流为

$$I = \frac{E}{R_e + r} = 2\text{A}$$

8. 电阻的 Y 联结与 △ 联结及等效变换

在电路中有一种无源三端网络，如图 2-22 所示，其中图 2-22a 为 Y（星形）联结，图 2-22b 为 △（三角形）联结。在电路分析中，常常需要利用 Y-△ 联结的等效变换对电路进行简化。

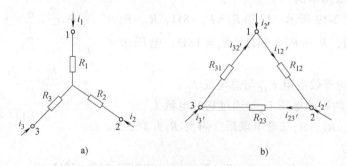

图 2-22 电阻的 Y 联结和 △ 联结

网络等效，对应系数相等，故得：

1) Y → △：

$$R_{12} = R_1 + R_2 + \frac{R_1 R_2}{R_3}$$

$$R_{23} = R_2 + R_3 + \frac{R_2 R_3}{R_1}$$

$$R_{31} = R_3 + R_1 + \frac{R_3 R_1}{R_2} \tag{2-26}$$

2) △→Y：

$$R_1 = \frac{R_{12} R_{31}}{R_{12} + R_{23} + R_{31}}$$

$$R_2 = \frac{R_{12} R_{23}}{R_{12} + R_{23} + R_{31}} \tag{2-27}$$

$$R_3 = \frac{R_{23} R_{31}}{R_{12} + R_{23} + R_{31}}$$

$$\text{星形电阻 } R_i = \frac{\text{三角形中连接于 i 的两电阻的乘积}}{\text{三个电阻之和}} \tag{2-28}$$

$$\text{三角形电阻 } R_{ij} = \frac{\text{星形中电阻两两乘积之和}}{\text{星形中接在除 i、j 以外端钮的电阻}} \tag{2-29}$$

例 2-8 在图 2-23a 所示电路中，已知 $R_1 = 10\Omega$，$R_2 = 30\Omega$，$R_3 = 22\Omega$，$R_4 = 4\Omega$，$R_5 = 60\Omega$，$U_S = 22V$，求电流 I。

解：将图 2-23a 的△联结变换成图 2-23b 所示的Y联结。

$$R_a = \frac{R_1 R_5}{R_1 + R_2 + R_5} = \frac{10 \times 60}{10 + 30 + 60}\Omega = 6\Omega$$

$$R_b = \frac{R_1 R_2}{R_1 + R_2 + R_5} = \frac{10 \times 30}{10 + 30 + 60}\Omega = 3\Omega$$

$$R_c = \frac{R_2 R_5}{R_1 + R_2 + R_5} = \frac{30 \times 60}{10 + 30 + 60}\Omega = 18\Omega$$

$$R_{bd} = R_b + \frac{(R_a + R_4)(R_c + R_3)}{R_a + R_c + R_3 + R_4}$$

$$= 3\Omega + \frac{(6+4)(18+22)}{6+18+22+4}\Omega$$

$$= 11\Omega$$

$$I = \frac{U_S}{R_{bd}} = \frac{22}{11}A = 2A$$

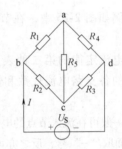

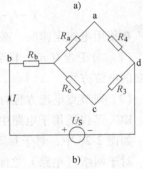

图 2-23 例 2-8 图

2.2 复杂直流电路

2.2.1 基尔霍夫定律及应用

基尔霍夫定律包含两个内容：基尔霍夫电流定律是用来确定连接在同一节点上的各支路电流间的关系；基尔霍夫电压定律是用来确定回路中各段电压间的关系。它们是分析和计算电路的基本定律之一。

在叙述基尔霍夫定律之前，先以图 2-24 所示电路为例，介绍几个有关的术语。

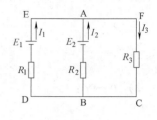

（1）支路　通过同一电流的无分支电路。如图 2-24 电路中的 ED、AB、FC 均为支路，该电路的支路数目为 $b=3$。

（2）节点　电路中三条或三条以上支路的连接点。如图 2-24 电路的节点为 A、B 两点，该电路的节点数目为 $n=2$。

图 2-24　电路名词定义用图

（3）回路　电路中任一闭合的路径。如图 2-24 电路中 CDEFC、AFCBA、EABDE 路径均为回路，该电路的回路数目为 $l=3$。

（4）网孔　内部不含有分支的闭合回路。如图 2-24 电路中的 AFCBA、EABDE 回路均为网孔，该电路的网孔数目为 $m=2$。**注意**：网孔是回路，但回路不一定是网孔。

1. 基尔霍夫电流定律（KCL）

电流定律的第一种表述：在任何时刻，电路中流入任一节点中的电流之和，恒等于从该节点流出的电流之和，即

$$\sum I_{流入} = \sum I_{流出} \tag{2-30}$$

例如图 2-25 中，在节点 A 上：

$$I_1 + I_3 = I_2 + I_4 + I_5$$

电流定律的第二种表述：在任何时刻，电路中任一节点上的各支路电流代数和恒等于零，即

$$\sum I = 0 \tag{2-31}$$

一般可在流入节点的电流前面取"+"号，在流出节点的电流前面取"-"号，反之亦可。例如图 2-25 中，在节点 A 上：

$$I_1 - I_2 + I_3 - I_4 - I_5 = 0$$

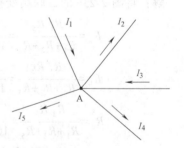

图 2-25　电流定律的举例说明

在使用电流定律时，必须注意：

（1）对于含有 n 个节点的电路，只能列出（$n-1$）个独立的电流方程。

（2）列节点电流方程时，只需考虑电流的参考方向，然后再带入电流的数值。

KCL 不仅适用于电路中的任一节点，对于电路中任意假设的封闭面来说，KCL 仍然成立。如图 2-26 中，对于封闭面 S 来说，有 $I_1 + I_2 = I_3$。

对于网络（电路）之间的电流关系，仍然可由电流定律判定。如图 2-27 中，流入电路 B 中的电流必等于从该电路中流出的电流。

此外，若两个网络之间只有一根导线相连，那么这根导线中一定没有电流通过。若一个网络只有一根导线与地相连，那么这根导线中一定没有电流通过。

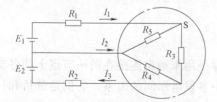

图 2-26　电流定律的应用举例（1）

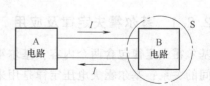

图 2-27　电流定律的应用举例（2）

例 2-9 如图 2-28 所示电桥电路，已知 $I_1 = 25\text{mA}$，$I_3 = 16\text{mA}$，$I_4 = 12\text{mA}$，试求其余电阻中的电流 I_2、I_5、I_6。

解：在节点 a 上：$I_1 = I_2 + I_3$，则 $I_2 = I_1 - I_3 = 25\text{mA} - 16\text{mA} = 9\text{mA}$

在节点 d 上：$I_1 = I_4 + I_5$，则 $I_5 = I_1 - I_4 = 25\text{mA} - 12\text{mA} = 13\text{mA}$

在节点 b 上：$I_2 = I_6 + I_5$，则 $I_6 = I_2 - I_5 = 9\text{mA} - 13\text{mA} = -4\text{mA}$

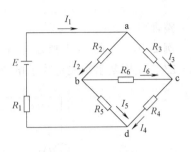

图 2-28　例 2-9 图

电流 I_2 与 I_5 均为正数，表明它们的实际方向与图中所标定的参考方向相同；I_6 为负数，表明它的实际方向与图中所标定的参考方向相反。

2. 基尔霍夫电压定律（KVL）

在任一时刻，沿任一回路绕行，回路中各段电压的代数和恒等于零，即

$$\sum U = 0 \tag{2-32}$$

以图 2-29 所示电路说明基尔霍夫电压定律。沿着回路 abcda 绕行方向，有

$$I_1 R_1 - I_2 R_2 - I_3 R_3 + I_4 R_4 + U_{S1} - U_{S3} = 0$$

上式也可写成

$$I_1 R_1 - I_2 R_2 - I_3 R_3 + I_4 R_4 = U_{S3} - U_{S1}$$

根据 KVL 列回路电压方程的原则：

1）标出各支路电流的参考方向并选择回路绕行方向（既可沿着顺时针方向绕行，也可沿着逆时针方向绕行）。

2）电阻元件的端电压为 $\pm RI$，当电流 I 的参考方向与回路绕行方向一致时，选取"+"号；反之，选取"-"号。

3）电源电压为 $\square U$，当电源电压的参考方向与回路绕行方向一致时，选取"+"号，反之应选取"-"号。

4）对于电流源，要先设定其电压的参考方向，再列电压方程。

KVL 不仅适用于闭合回路，而且还可以推广到任意未闭合的回路，但列电压方程时，必须将开口处的电压也列入方程。如图 2-30 所示，在 ad 开口处添上 U_{ad} 开路电压，就可形成一个假想的"闭合"回路，列出回路电压方程为

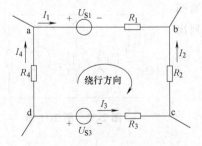

图 2-29　电压定律的举例说明

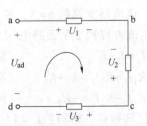

图 2-30　KVL 推广与应用

$$U_1 - U_2 + U_3 - U_{ad} = 0$$

整理得
$$U_{ad} = U_1 - U_2 + U_3$$

例 2-10 在图 2-31 所示电路中，$U_{S1} = 16V$，$U_{S2} = 4V$，$U_{S3} = 12V$，$R_2 = 2\Omega$，$R_3 = 7\Omega$，$I_{S4} = 2A$，应用基尔霍夫定律求电流 I_1、I_2、I_3。

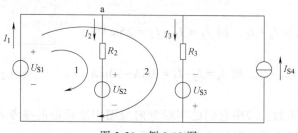

图 2-31 例 2-10 图

解： 对节点 a，根据基尔霍夫电流定律列电流方程，得
$$I_1 - I_2 - I_3 + I_{S4} = 0$$

选定回路 1、回路 2 并设定其绕行方向如图 2-31 所示，根据基尔霍夫电压定律列电压方程，得
$$R_2 I_2 + U_{S2} - U_{S1} = 0$$
$$R_3 I_3 - U_{S3} - U_{S1} = 0$$

代入数值并联立求解得：$I_1 = 8A$，$I_2 = 6A$，$I_3 = 4A$

2.2.2 支路电流法及应用

以各支路电流为未知量，应用基尔霍夫定律列出节点电流方程和回路电压方程，解出各支路电流的方法称为支路电流法。对于具有 b 条支路、n 个节点的电路，可列出 $(n-1)$ 个独立的电流方程和 $b-(n-1)$ 个独立的电压方程，详细步骤如下：

1）设定 b 条支路电流的参考方向，标明在电路图上。
2）应用 KCL 列出 $(n-1)$ 个独立节点的电流方程。
3）选取 $m = b - (n-1)$ 个独立回路，设定这些回路的绕行方向，标明在电路图上，应用 KVL 列出回路电压方程。
4）联立求解上述 b 个独立方程，求得待求的各支路电流。

例 2-11 在图 2-32 所示电路中，已知 $E_1 = 42V$，$E_2 = 21V$，$R_1 = 12\Omega$，$R_2 = 3\Omega$，$R_3 = 6\Omega$，试求：各支路电流 I_1、I_2、I_3。

解： 设定 3 条支路电流 I_1、I_2、I_3 的参考方向如图 2-32 所示，该电路支路数 $b = 3$、节点数 $n = 2$，所以应列出 1 个节点电流方程和 2 个回路电压方程。

(1) $I_1 = I_2 + I_3$　　　　（任一节点）
(2) $R_1 I_1 + R_2 I_2 = E_1 + E_2$　　（网孔 1）
(3) $R_3 I_3 - R_2 I_2 = -E_2$　　（网孔 2）

图 2-32 例 2-11 图

代入已知数据，解得：$I_1 = 4A$，$I_2 = 5A$，$I_3 = -1A$。

电流 I_1 与 I_2 均为正数，表明它们的实际方向与图中所标定的参考方向相同，I_3 为负数，表明它的实际方向与图中所标定的参考方向相反。

2.2.3 弥尔曼定理及应用

对于只有两个节点的复杂电路,如图 2-33 所示,电路中的电阻用电导来表示。我们在对此类电路进行分析计算时,如果能够求得两个节点之间的电压 U_{ab},那么有关电路计算的其他问题就可迎刃而解,下面我们就解决如何求得两个节点之间的电压 U_{ab} 的问题。

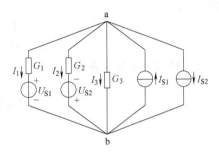

图 2-33 只有两个节点的复杂电路

根据基尔霍夫电压定律(或电压的定义)及欧姆定律,电路中各支路的未知的电流均可用 U_{ab} 来表示,即

$$I_1 = (U_{ab} - U_{S1})G_1$$
$$I_2 = (U_{ab} + U_{S2})G_2$$
$$I_3 = U_{ab}G_3$$

根据基尔霍夫电流定律,对于电路中的节点 a(或节点 b)列电流方程有

$$I_{S1} - I_1 - I_2 - I_3 - I_{S2} = 0$$

将 I_1、I_2 和 I_3 用 U_{ab} 来表示的表达式代入上式得

$$I_{S1} - (U_{ab} - U_{S1})G_1 - (U_{ab} + U_{S2})G_2 - U_{ab}G_3 - I_{S2} = 0$$

由此可以求得

$$U_{ab} = \frac{I_{S1} + U_{S1}G_1 - U_{S2}G_2 - I_{S2}}{G_1 + G_2 + G_3}$$

我们研究一下上式不难发现,分子为各有源支路电流源或等效电流源(电压源等效的电流源)电流的代数和,电流源电流的参考方向与两节点电压参考方向相反的取正,反之取负;分母为各支路电导之和。写成一个通用表达式为

$$U_{ab} = \frac{\sum I_S}{\sum G} \tag{2-33}$$

文字表述为:只有两个节点的复杂电路,两个节点间的电压等于各有源支路电流源或等效电流源电流的代数和与各支路电导之和的比值,各有源支路电流源或等效电流源电流的参考方向与两节点电压参考方向相反的取正,反之取负,这就是弥尔曼定理。

例 2-12 在图 2-34 所示电路中,已知 $R_1 = 10\Omega$、$U_{S1} = 10V$、$R_2 = 5\Omega$、$U_{S2} = 5V$、$R_3 = 10\Omega$、$I_{S1} = 2A$,试求各支路未知电流 I_1、I_2、I_3。

解:由于电路只有两个节点,所以利用弥尔曼定理直接求节点间的电压,进而再求各支路未知电流。

1)根据各支路电阻可得各支路对应

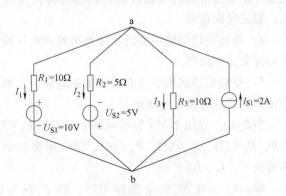

图 2-34 例 2-12 图

的电导为

$$G_1 = \frac{1}{R_1} = \frac{1}{10}\text{S}, G_2 = \frac{1}{R_2} = \frac{1}{5}\text{S}, G_3 = \frac{1}{R_3} = \frac{1}{10}\text{S}$$

2）根据弥尔曼定理有

$$U_{ab} = \frac{U_{S1}G_1 - U_{S2}G_2 + I_{S1}}{G_1 + G_2 + G_3}$$

$$= \frac{10 \times \frac{1}{10} - 5 \times \frac{1}{5} + 2}{\frac{1}{10} + \frac{1}{5} + \frac{1}{10}}\text{V}$$

$$= 5\text{V}$$

3）各支路未知电流为

$$I_1 = \frac{U_{ab} - U_{S1}}{R_1} = \frac{5-10}{10}\text{A} = -0.5\text{A}$$

$$I_2 = \frac{U_{ab} + U_{S2}}{R_2} = \frac{5+5}{5}\text{A} = 2\text{A}$$

$$I_3 = \frac{U_{ab}}{R_3} = \frac{5}{10}\text{A} = 0.5\text{A}$$

2.2.4 叠加定理及应用

当线性电路中有多个独立电源共同作用时，各支路的电流（或电压）等于各个电源分别单独作用时，在该支路产生的电流（或电压）的代数和（叠加）。

在使用叠加定理分析计算电路时应注意以下几点：

1）叠加定理仅适用于线性电路，不适用于非线性电路。

2）在各个独立电源分别单独作用时，对那些暂不起作用的独立电源都应视为零值，即电压源用短路代替，电流源用开路代替，而其他元件的联结方式都不应有变动。

3）叠加时要注意电流和电压的参考方向。当分电流或电压与原电路待求的电流或电压的参考方向一致时，取正号；相反时取负号。

4）叠加定理只能用来计算线性电路的电压或电流，而不能用来计算功率。

5）叠加定理被用于含有受控源的电路时，所谓电源的单独作用只是对独立电源而言。

例 2-13 在图 2-35a 所示电路中，已知 $E_1 = 17\text{V}$，$E_2 = 17\text{V}$，$R_1 = 2\Omega$，$R_2 = 1\Omega$，$R_3 = 5\Omega$，试应用叠加定理求各支路电流 I_1、I_2、I_3。

解：1）当电源 E_1 单独作用时，将 E_2 视为短路（图 2-35b），设

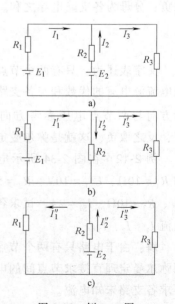

图 2-35 例 2-13 图

$$R_{23} = R_2 // R_3 = 0.83\Omega$$

则
$$I_1' = \frac{E_1}{R_1 + R_{23}} = \frac{17}{2.83}A = 6A$$

$$I_2' = \frac{R_3}{R_2 + R_3} I_1' = 5A$$

$$I_3' = \frac{R_2}{R_2 + R_3} I_1' = 1A$$

2) 当电源 E_2 单独作用时，将 E_1 视为短路（图 2-35c），设
$$R_{13} = R_1 // R_3 = 1.43\Omega$$

则
$$I_2'' = \frac{E_2}{R_2 + R_{13}} = \frac{17}{2.43}A = 7A$$

$$I_1'' = \frac{R_3}{R_1 + R_3} I_2'' = 5A$$

$$I_3'' = \frac{R_1}{R_1 + R_3} I_2'' = 2A$$

3) 当电源 E_1、E_2 共同作用时（叠加），若各电流分量与原电路电流参考方向相同时，在电流分量前面选取"+"号，反之，则选取"-"号：
$$I_1 = I_1' - I_1'' = 1A, \quad I_2 = -I_2' + I_2'' = 2A, \quad I_3 = I_3' + I_3'' = 3A$$

例 2-14 电路如图 2-36a 所示，已知 $U_S = 20V$，$I_S = 3A$，$R_1 = 20\Omega$，$R_2 = 10\Omega$，$R_3 = 30\Omega$，$R_4 = 10\Omega$，用叠加定理求 R_4 上的电压 U。

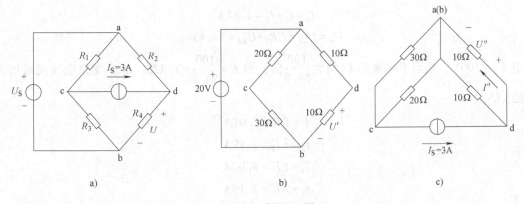

图 2-36 例 2-14 图

解：将电流源 I_S 置零，代之以开路，如图 2-36b 所示，根据分压关系得 R_4 上的电压为
$$U' = \frac{R_4}{R_2 + R_4} U_S = \frac{10}{10+10} \times 20V = 10V$$

将电压源 U_S 置零，代之以短路，如图 2-36c 所示，根据分流关系得 R_4 上的电流为
$$I'' = \frac{R_2}{R_2 + R_4} I_S = \frac{10}{10+10} \times 3A = 1.5A$$

$$U'' = R_4 I'' = 10 \times 1.5V = 15V$$

$$U = U' + U'' = 10\text{V} + 15\text{V} = 25\text{V}$$

注意：在线性电路中，当所有激励（电压源和电流源）都同时增大或缩小 K 倍（K 为实常数），电路响应（电压和电流）也将同样增大或缩小 K 倍，这就是线性电路的齐性定理。

例 2-15　如图 2-37 所示电路，应用齐性定理求各支路电流。

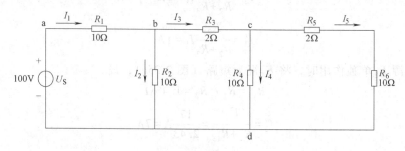

图 2-37　例 2-15 图

解：假设 $I_5' = 1\text{A}$，则

$$U_{cd}' = I_5'(R_5 + R_6) = 12\text{V}$$

$$I_4' = \frac{U_{cd}'}{R_4} = 1.2\text{A}$$

$$I_3' = I_4' + I_5' = 2.2\text{A}$$

$$U_{bd}' = I_3'R_3 + U_{cd}' = 16.4\text{V}$$

$$I_2' = \frac{U_{bd}'}{R_2} = 1.64\text{A}$$

$$I_1' = I_2' + I_3' = 3.84\text{A}$$

$$U_S' = U_{ad}' = I_1'R_1 + U_{bd}' = 54.8\text{V}$$

给定 $U_S = 100\text{V}$，相当于将激励 U_S' 增大 $\dfrac{100}{54.8}$ 倍，即 $K = \dfrac{100}{54.8} = 1.825$，故各支路电流同时增大 1.825 倍。

$$I_1 = KI_1' = 7.01\text{A}$$

$$I_2 = KI_2' = 2.99\text{A}$$

$$I_3 = KI_3' = 4.02\text{A}$$

$$I_4 = KI_4' = 2.19\text{A}$$

$$I_5 = KI_5' = 1.83\text{A}$$

2.2.5　电压源与电流源的等效变换及应用

实际电路中，经常需要多个电源以串并联的方式供电，这种以多个电源供电的电路，可以利用等效的概念进行化简，使电路仅含有一个电源以简化电路的分析和计算。

1. 理想电压源串联

理想电压源简称电压源。当 n 个电压源串联时，可以用一个电压源等效替代，这时其等效电压源的端电压等于各串联电压源端电压的代数和，如图 2-38 所示，即

$$u_S = u_{S1} + u_{S2} + \cdots + u_{Sn} = \sum_{i=1}^{n} u_{Si} \tag{2-34}$$

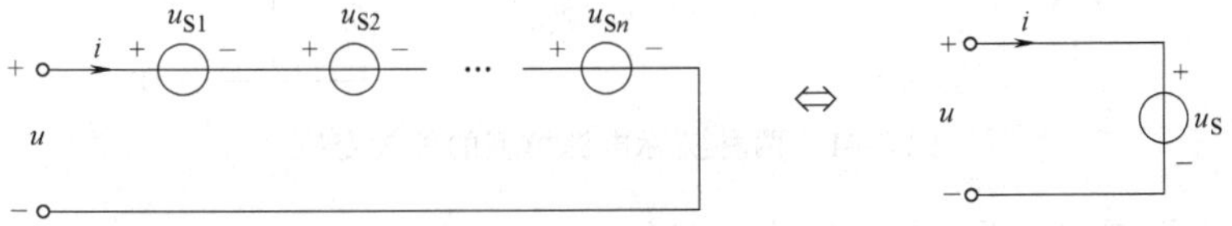

图 2-38 理想电压源串联等效

理想电压源与任何元器件并联，其等效电路可以用理想电压源来替代，在分析电路时，可以把理想电压源并联的任何元器件断开，对外电路没有影响。

应当指出，数值不同的理想电压源不能并联，否则违背了基尔霍夫电压定律。只有电压值相等、方向一致的电压源才允许并联，并且并联后的等效电压源仍为原值。

2. 理想电流源并联

理想电流源简称电流源。当有 n 个电流源并联时，可以用一个电流源等效替代，这时其等效电流源的电流等于各并联电流源电流的代数和，如图 2-39 所示，即

$$i_S = i_{S1} + i_{S2} + \cdots + i_{Sn} = \sum_{i=1}^{n} i_{Si} \tag{2-35}$$

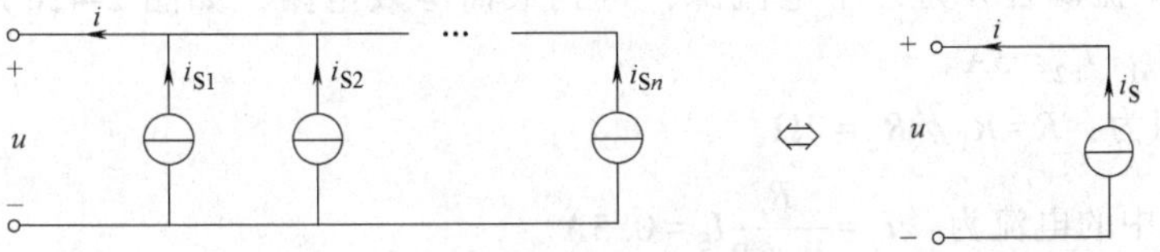

图 2-39 理想电流源并联等效

理想电流源与任何元器件串联，其等效电路可以用理想电流源来替代，在分析电路时，可以把理想电流源串联的任何元件用短路线替代，对外电路没有影响。

应当指出，数值不同的理想电流源不能串联，否则违背了基尔霍夫电流定律。只有电流值相等、方向一致的电流源才允许串联，并且串联后的等效电流源仍为原值。

3. 两种实际电源模型的等效变换

实际电源有两种模型，如图 2-40 所示。实际电压源可用一个理想电压源 u_S 和一个电阻 R_S 串联的电路模型表示，如图 2-40a 所示，其输出电压 u 与输出电流 i 之间的关系为

$$u = u_S - R_S i$$

实际电流源也可用一个理想电流源 i_S 和一个电阻 R_S' 并联的电路模型表示，如图 2-40b 所示，其输出电压 u 与输出电流 i 之间关系为

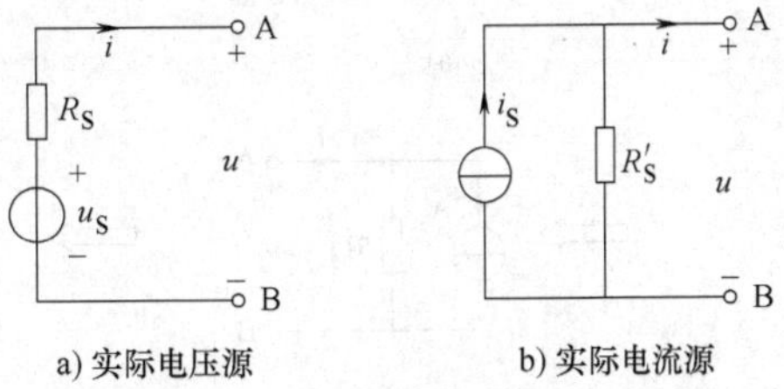

$$u = R_S' i_S - R_S' i$$

a) 实际电压源   b) 实际电流源

图 2-40 两种实际电源模型

下面通过图 2-41 来说明，实际电压源和实际电流源是相互等效的，等效变换条件是：$R_S = R_S'$，$u_S = R_S' i_S$ 或 $i_S = u_S / R_S$。

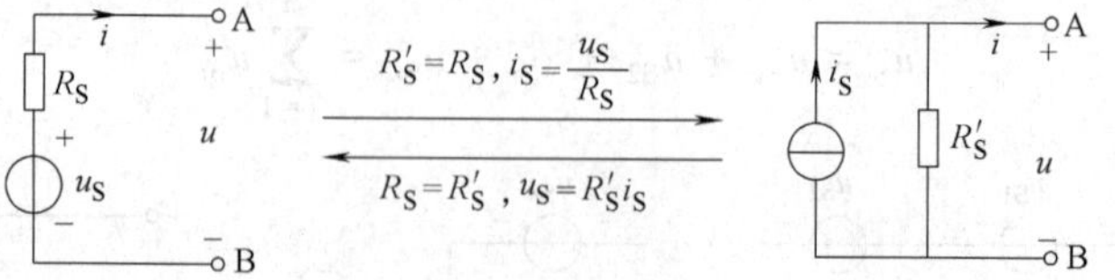

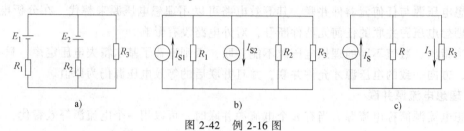

图 2-41 两种实际电源模型的等效变换

例 2-16 在图 2-42a 所示的电路中，已知：$E_1 = 12V$，$E_2 = 6V$，$R_1 = 3\Omega$，$R_2 = 6\Omega$，$R_3 = 10\Omega$，试应用电源等效变换法求电阻 R_3 中的电流。

图 2-42 例 2-16 图

解：1）先将两个电压源等效变换成两个电流源，如图 2-42b 所示，两个电流源的电流分别为：$I_{S1} = E_1/R_1 = 4A$，$I_{S2} = E_2/R_2 = 1A$。

2）将两个电流源合并为一个电流源，得到最简等效电路，如图 2-42c 所示。等效电流源的电流：$I_S = I_{S1} - I_{S2} = 3A$。

其等效内阻为：$R = R_1 // R_2 = 2\Omega$。

3）求出 R_3 中的电流为：$I_3 = \dfrac{R}{R_3 + R} I_S = 0.5A$。

例 2-17 将图 2-43a 所示的二端网络等效为最简形式。

解：利用电源的等效变换将图 2-43a 所示电路逐步化简为图 2-43e 所示电路，变换过程如图 2-43b、c、d 所示。

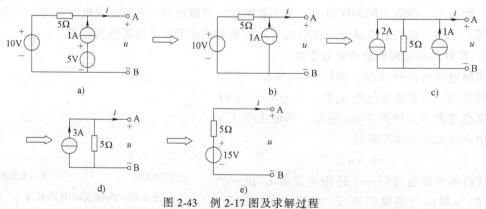

图 2-43 例 2-17 图及求解过程

例 2-18 求图 2-44a 所示电路中的电流 i。

解：利用电源的等效变换将图 2-44a 所示电路逐步化简为图 2-44d 所示电路，变换过程如图 2-44b、c 所示。

由图 2-44d 可求得

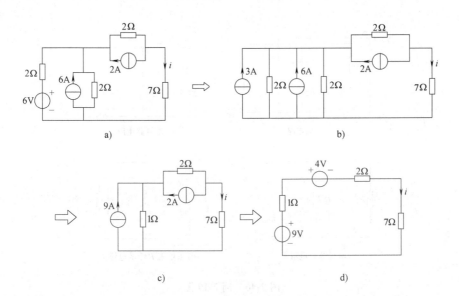

图 2-44 例 2-18 图及求解过程

$$i = \frac{9-4}{1+2+7}\text{A} = 0.5\text{A}$$

2.2.6 戴维南定理及应用

戴维南定理的内容：任何一个线性有源二端网络 N，对其外部而言，都可以用一个理想电压源与电阻串联的电路模型来等效替代，如图 2-45 所示。其中，理想电压源的电压等于线性有源二端网络的开路电压 u_{oc}，电阻等于该网络除源后（即所有独立源均为零值，受控源要保留），所得网络的等效电阻 R_0。

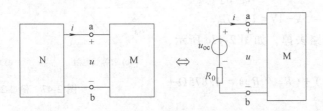

图 2-45 戴维南定理图解说明

例 2-19 如图 2-46a 所示电路，已知 $E_1 = 7\text{V}$，$E_2 = 6.2\text{V}$，$R_1 = R_2 = 0.2\Omega$，$R = 3.2\Omega$，试应用戴维南定理求电阻 R 中的电流 I。

解：1）将 R 所在支路去掉，如图 2-46b 所示，求开路电压 U_{ab}。

$$I_1 = \frac{E_1 - E_2}{R_1 + R_2} = \frac{0.8}{0.4}\text{A} = 2\text{A}, \quad U_{ab} = E_2 + R_2 I_1 = 6.2\text{V} + 0.4\text{V} = 6.6\text{V} = E_0$$

2）将电压源短路去掉，如图 2-46c 所示，求等效电阻 R_{ab}。

$$R_{ab} = R_1 // R_2 = 0.1\Omega = R_0$$

3）画出戴维南等效电路，如图 2-46d 所示，求电阻 R 中的电流 I。

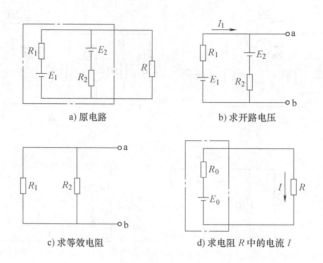

图 2-46 例 2-19 图

$$I = \frac{E_0}{R_0+R} = \frac{6.6}{3.3}\text{A} = 2\text{A}$$

例 2-20 如图 2-47a 所示的电路，已知 $E = 8\text{V}$，$R_1 = 3\Omega$，$R_2 = 5\Omega$，$R_3 = R_4 = 4\Omega$，$R_5 = 0.125\Omega$，试应用戴维南定理求电阻 R_5 中的电流 I。

解： 1) 将 R_5 所在支路开路去掉，如图 2-47b 所示，求开路电压 U_{ab}。

$$I_1 = I_2 = \frac{E}{R_1+R_2} = 1\text{A},\ I_3 = I_4 = \frac{E}{R_3+R_4} = 1\text{A}$$

$$U_{ab} = R_2I_2 - R_4I_4 = 5\text{V} - 4\text{V} = 1\text{V} = E_0$$

2) 将电压源短路去掉，如图 2-47c 所示，求等效电阻 R_{ab}。

$$R_{ab} = (R_1 /\!/ R_2) + (R_3 /\!/ R_4) = 1.875\Omega + 2\Omega = 3.875\Omega = R_0$$

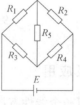 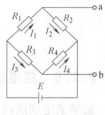

图 2-47 例 2-20 图

3) 根据戴维南定理画出等效电路，如图 2-47d 所示，求电阻 R_5 中的电流。

$$I_5 = \frac{E_0}{R_0+R_5} = \frac{1}{4}\text{A} = 0.25\text{A}$$

模块 2 小　　结

1. 电阻元件、电感元件、电容元件和理想电源

1) 电阻元件是耗能元件，当电阻元件的电压与电流取关联参考方向时，电阻元件的伏安关系为 $u = iR$。

2) 电感元件是储能元件，当电感元件的电压与电流取关联参考方向时，电感元件的伏

安关系为 $u = L\dfrac{\mathrm{d}i}{\mathrm{d}t}$。电感元件具有通低频、阻高频的特性。在直流电路中，电感元件相当于导线。

3) 电容元件也是储能元件，当电容元件的电压与电流取关联参考方向时，电容元件的伏安关系为 $i = C\dfrac{\mathrm{d}u}{\mathrm{d}t}$。电容元件具有通高频、阻低频的特性。在直流电路中，电容元件相当于开路。

4) 理想电压源无内阻，电流随外电路而变化。

理想电流源无内阻，电压随外电路而变化。

2. 电阻元件的识别与检测

电阻器的标称值和偏差在电阻体上标注的方法有：直标法、文字符号法、数码法和色标法。用万用表测量电阻时，被测对象不能带电，每次换量程时都必须重新进行电阻调零，选择合适的量程，待测电阻的阻值 $R=$ 示数×电阻档倍率。

3. 欧姆定律代数形式

当电阻的电压与电流的参考方向相同时，$i = \dfrac{u}{R}$；当电阻的电压与电流的参考方向不同时，$i = -\dfrac{u}{R}$。

4. 电阻的连接

串联电阻的等效电阻等于各电阻之和；并联电阻的等效电导等于各电导之和；混联电路的等效电阻可由电阻串、并联计算得出。电阻 Y 联结与 △ 联结可以等效变换，对称情况下（三个阻值相等）等效变换条件：$R_\triangle = 3R_Y$。

5. 基尔霍夫定律

1) 基尔霍夫电流定律（KCL）：$\sum I = 0$ 或 $\sum I_{流入} = \sum I_{流出}$，它不仅可以应用于具体电路中的某一节点，还可以推广应用于任一广义节点。

2) 基尔霍夫电压定律（KVL）：$\sum U = 0$，它应用于电路中任何一闭合回路或假想回路。

6. 支路电流法

支路电流法是基尔霍夫定律的直接应用，其基本步骤是：首先选定电流的参考方向，以 b 个支路电流为未知数，列 $n-1$ 个节点电流方程和 m 个网孔电压方程，联立 b 个方程求得支路电流。

7. 弥尔曼定理

文字表述为：对于只有两个节点的复杂电路，两个节点间的电压等于各有源支路电流源或等效电流源电流的代数和与各支路电导之和的比值，各有源支路电流源或等效电流源电流的参考方向与两节点电压参考方向相反的取正，反之取负，这就是弥尔曼定理。

表达式为：$U_{ab} = \dfrac{\sum I_S}{\sum G}$

8. 叠加定理

叠加定理表明，在任意一个线性电路中，当有多个电源共同作用时，各支路的电流（或电压）等于各个电源单独作用时，在该支路产生的电流或电压的代数和。当电压源 U_S 不作用时，

在 U_S 处用短路线代替；当电流源 I_S 不作用时，在 I_S 处用开路代替；电源的内阻连接不变。

9. 两种电源模型的等效变换

两种电源模型之间的等效变换均是对外电路而言的，对电源内部电路并不等效，进行等效变换时应注意 U_S 和 I_S 的参考方向关系。理想电压源和理想电流源之间不能等效变换。

10. 戴维南定理

戴维南定理指出，任何一个线性有源二端网络，对其外部而言，都可以用一个等效电压源来替代，电压源的电压等于该网络的开路电压 u_{oc}，内阻等于该网络除源后从端口上看进去的等效电阻 R_0。

模块 2 习 题

2-1 一只"100Ω、$100W$"的电阻炉通过 120 V 电压源供电，问至少要串入多大的电阻 R 才能使该电阻炉正常工作？电阻 R 上消耗的功率又为多少？

2-2 在图 2-48a 和图 2-48b 所示电路中，若 $I = 0.6A$，则 R 为多少？在图 2-48c 和图 2-48d 所示电路中，若 $U = 0.6V$，则 R 为多少？

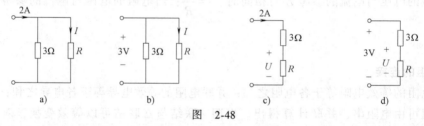

图 2-48

2-3 求图 2-49 所示各电路的等效电阻 R_{ab}。

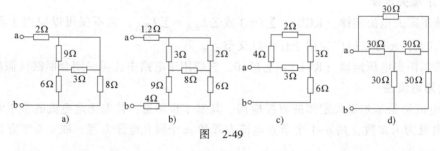

图 2-49

2-4 在图 2-50 所示电路中，电流 $I = 10mA$，$I_1 = 6mA$，$R_1 = 3k\Omega$，$R_2 = 1k\Omega$，$R_3 = 2k\Omega$。求电流表 A_4 和 A_5 的读数各为多少？

2-5 在图 2-51 所示电路中，有几条支路和几个节点？U_{ab} 和 I 各等于多少？

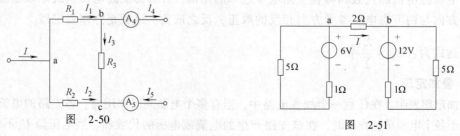

图 2-50　　　　　　　　　　图 2-51

2-6 在图 2-52 所示电路中,利用 KVL 求解图示电路中的电压 U。

2-7 已知图 2-53 所示电路中电压 $U_S = 15V$,$U = 4.5V$,试应用已经学过的电路求解法求电阻 R。

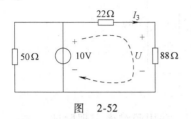

图 2-52

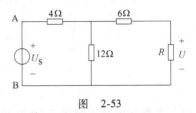

图 2-53

2-8 电路如图 2-54 所示,设 $E_1 = 20V$,$U_1 = 8V$,$U_2 = 6V$,则 U_3、U_4 和 E_2 分别为多少?

2-9 电路如图 2-55 所示。已知 $U_S = 4V$,$I_S = 1A$,$R_1 = 1\Omega$,$R_2 = R_3 = 2\Omega$,求电流 I。

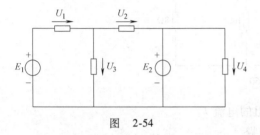

图 2-54

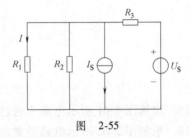

图 2-55

2-10 某浮充供电电路如图 2-56 所示。整流器直流输出电压 $U_{S1} = 250V$,等效内阻 $R_{S1} = 1\Omega$,浮充蓄电池组的电压值 $U_{S2} = 239V$,内阻 $R_{S2} = 0.5\Omega$,负载电阻 $R_L = 30\Omega$,用支路电流法求解各支路电流。

2-11 求图 2-57 所示电路中的电流 I。

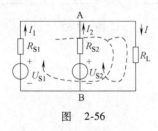

图 2-56

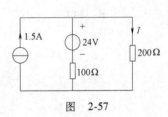

图 2-57

2-12 电路如图 2-58 所示,请画出图 2-58a 的电流源等效电路图和图 2-58b 的电压源等效电路图。

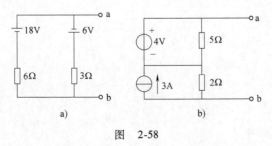

图 2-58

2-13 利用电压源、电流源的等效变换,求图 2-59 中的电流 I,保留等效变换过程的电路图。

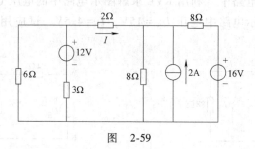

图 2-59

2-14 用叠加定理求解图 2-60 所示电路中的电流 I，并用戴维南定理验证。

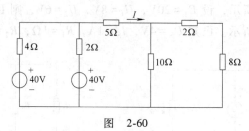

图 2-60

2-15 求解图 2-61 所示电路中通过 14Ω 电阻的电流 I。

2-16 求解图 2-62 所示电路的戴维南等效电路。

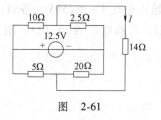

图 2-61

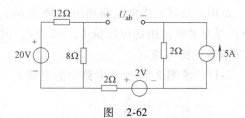

图 2-62

模块 3

正弦交流电路

如果电路中的电压和电流均为正弦交流（即随时间按正弦规律变化），这样的电路称为正弦交流电路。常见的正弦交流电路多由正弦交流电压源供电，正弦交流电压源根据其所产生电压的相数不同又分为单相电压源（只产生一相正弦交流电压）和三相电压源（即同时产生三相正弦交流电压，而且三相电压的幅值、频率均相同，相位互差120°）。由单相正弦交流电压源（或由三相正弦交流电压源中的一相）供电的正弦交流电路称为单相正弦交流电路，由三相正弦交流电压源供电的正弦交流电路称为三相正弦交流电路。

本模块主要讲述正弦量的概念及特点；正弦量的相量表示法；理想元件电压与电流的瞬时值、有效值及相量间的关系；复阻抗的概念及串并联等效；单相正弦交流电路的分析与计算方法及三相正弦交流电路的分析与计算方法。

3.1 单相正弦交流电路

3.1.1 正弦量及其三要素

1. 正弦量

在工农业生产和人们的日常生活中，用得最多的电路不外乎直流电路和正弦交流电路。对于直流电路而言，当电路处于稳态时，电路中的电流、电压及电动势的大小和方向都是恒定的，即不随时间的变化而变化。

而对于正弦交流电路而言，当电路处于稳态时，电路中的电流、电压及电动势的大小和方向都随时间按正弦规律变化，即为正弦量，也称为正弦交流量。正弦交流电路及电路中的电流、电压及电动势的波形如图3-1所示。

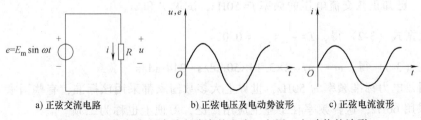

a) 正弦交流电路 b) 正弦电压及电动势波形 c) 正弦电流波形

图 3-1 正弦交流电路及电路中的电流、电压、电动势的波形

目前，世界上大多数国家都采用正弦交流的形式供电，发电机多为三相正弦交流发电机。

2. 正弦量的三要素

任何一个正弦量均可以用下面的三角函数表达式来表示

$$y(t) = Y_m \sin(\omega t + \psi)$$

现以正弦交流电路中某条支路的正弦电流为例来说明正弦量的特点，正弦电流的函数表达式为

$$i(t) = I_m \sin(\omega t + \psi_i) \quad (3-1)$$

式（3-1）中的 I_m、ω、ψ_i 分别为正弦电流 i 的最大值、角频率和初相位，它们分别决定正弦量变化的范围、快慢和初始值，因此把它们称为正弦量的三要素。正弦量的三要素在波形图中的具体体现如图 3-2 所示。

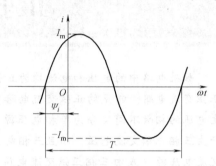

图 3-2　三要素在波形图中的具体体现

（1）最大值　正弦量在变化过程中某一时刻的值称为该时刻的瞬时值，一般用小写字母表示，如 i、u 及 e 分别表示电流、电压及电动势的瞬时值。瞬时值中最大的值称为最大值，也称为振幅或幅值，一般用带下标 m 的大写字母来表示，如 I_m、U_m 及 E_m 等分别表示电流、电压及电动势的最大值。最大值决定了正弦量的变化范围，式（3-1）中正弦电流 i 的变化范围为 $-I_m \sim I_m$。

（2）角频率　式（3-1）中的 ω 为正弦电流 i 的角频率，它表示正弦量在单位时间内变化的角度，单位为弧度每秒（rad/s）或度每秒（°/s）。它决定了正弦量变化的快慢。除此之外，正弦量变化的快慢还可以用周期和频率来表示。

正弦量的周期是指正弦量变化一次所需要的时间，用 T 表示，单位为秒（s）。正弦量每秒变化的次数叫频率，用 f 表示，单位为赫兹（Hz）。工程上还常用千赫兹（kHz）、兆赫兹（MHz）和吉赫兹（GHz），它们之间的换算关系是：$1\text{kHz} = 10^3 \text{Hz}$；$1\text{MHz} = 10^3 \text{kHz}$；$1\text{GHz} = 10^3 \text{MHz}$。

角频率、周期、频率三者之间的关系为

$$f = \frac{1}{T} \quad (3-2)$$

$$\omega = 2\pi f = \frac{2\pi}{T} \quad (3-3)$$

例 3-1　已知正弦交流电压的频率 $f = 50\text{Hz}$，试求 T 和 ω。

解：根据式（3-2）得，$T = \dfrac{1}{f} = \dfrac{1}{50}\text{s} = 0.02\text{s}$

根据式（3-3）得，$\omega = 2\pi f = 2 \times 3.14 \times 50 \text{rad/s} = 314 \text{rad/s}$

在我国，电力标准频率为 50Hz，世界上大多数国家都采用该标准，有些国家（如美国、日本等）采用 60Hz，这种频率在工业上应用广泛，习惯上也称为工频。

（3）初相位　式（3-1）中 $\omega t + \psi_i$ 为正弦电流 i 的相位角或相位，它反映了正弦量变化的进程，当相位角随时间连续变化时，正弦量的瞬时值随之连续变化。

$t = 0$ 时的相位角称为正弦量的初相位角或初相位，式（3-1）中正弦电流 i 的初相位

为 ψ_i。

由式（3-1）可得
$$i(0) = I_m \sin\psi_i \tag{3-4}$$

从式（3-4）可见，初相位 ψ_i 与幅值 I_m 一起决定了 i 的初始值。一般初相位 ψ_i 的范围为 $-\pi \leq \psi_i \leq \pi$。$\psi_i$ 的大小及正负与计时起点的选择有关，它随计时起点的不同而改变。

在波形图中，坐标原点作为计时起点时，如果离坐标原点最近的正向过零点（即从负变正的过零点）在原点的左侧，则 $\psi_i > 0$；如果离坐标原点最近的正向过零点在原点的右侧，则 $\psi_i < 0$。

显然，正弦量的变化规律完全可以由最大值（又称振幅或幅值）、角频率（或周期、频率）和初相位（又称初相位角）三个量来决定。因此，这三个量称为正弦量的三要素，它们是正弦量之间进行比较和区别的依据。

例 3-2 试写出正弦交流电压 $u = 311\sin\left(314t + \dfrac{\pi}{3}\right)$ V 的三要素。

解：电压的振幅（幅值或最大值）为：$U_m = 311\text{V}$

角频率为：$\omega = 314\text{rad/s}$；周期为：$T = \dfrac{2\pi}{\omega} = \dfrac{2 \times 3.14}{314} = 0.02\text{s}$；频率为：$f = \dfrac{1}{T} = 50\text{Hz}$

初相为 $\psi_i = \dfrac{\pi}{3}\text{rad}$

（4）相位差 在正弦交流电路的分析中，常用相位差来表示两个同频率正弦量之间的相位关系。例如，设正弦交流电压 u 与正弦交流电流 i 的函数表达式分别为

$$u(t) = U_m \sin(\omega t + \psi_u)$$
$$i(t) = I_m \sin(\omega t + \psi_i) \tag{3-5}$$

对应波形如图 3-3 所示。

两个同频率正弦量之间的相位角之差称为它们的相位差，用符号 φ 表示，即

$$\varphi = (\omega t + \psi_u) - (\omega t + \psi_i) = \psi_u - \psi_i \tag{3-6}$$

可见，同频率的两个正弦量的相位差等于它们的初相位之差，为一个定值，与 ω、t 无关，也与计时起点无关。通常规定 φ 的取值范围是 $-\pi \leq \varphi \leq \pi$。

在电路分析中常常用"超前"和"滞后"的概念来反映两个同频率正弦量的相位关系。如果 $\varphi = \psi_u - \psi_i > 0$，我们就说电压 u 超前电流 i，意思是电压比电流先到达正的最大值（或正向过零点）。如果 $\varphi = \psi_u -$

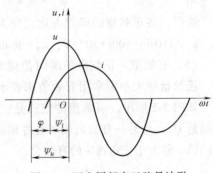

图 3-3 两个同频率正弦量波形

$\psi_i < 0$，我们就说电压 u 滞后电流 i，意思是电压比电流后到达正的最大值（或正向过零点）。可见，超前或滞后是相对的，两个同频率正弦量的相位差通常是在一个周期内进行比较的。

如果 $\varphi = \psi_u - \psi_i = 0$，即相位差为零，称为同相，这时两个正弦量同时到达正的最大值（或正向过零点），如图 3-4a 所示；如果 $\varphi = \psi_u - \psi_i = \pm\dfrac{\pi}{2}$，则称电压 u 与电流 i 正交，如图 3-4b 所示；如果 $\varphi = \psi_u - \psi_i = \pm\pi$，则称电压 u 与电流 i 反相，如图 3-4c 所示。

当同频率正弦量的计时起点变化时，其初相位也随之改变，但相位差保持不变，即相位差与计时起点无关。因此，在分析正弦交流电路时，通常取一个正弦量的正向过零点为计时起点，即这个正弦量的初相位 $\psi=0$，把这个正弦量称为参考正弦量，而其余正弦量的初相位则由它们之间的相位差来确定。要注意的是，在同一个电路中只允许有一个参考正弦量，否则会造成计算上的混乱。

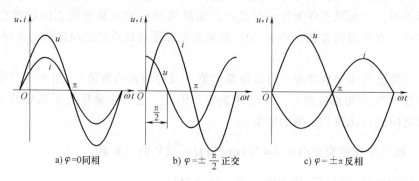

a) $\varphi=0$ 同相　　b) $\varphi=\pm\dfrac{\pi}{2}$ 正交　　c) $\varphi=\pm\pi$ 反相

图 3-4　几种特殊相位差的正弦量波形

例 3-3　已知 $u_1=110\sin(100t+15°)$ V，$u_2=80\sin(100t-50°)$ V，$i=5\sin(100t-35°)$ A，请计算出两个电压与电流的相位差，并指出超前或滞后关系；若以电流为参考正弦量，重新写出它们的正弦函数表达式。

解：先求它们的相位差

$$\varphi_{u_1 i}=\psi_{u_1}-\psi_i=15°-(-35°)=50°\quad（电压 u_1 超前电流 i，超前 50°）$$

$$\varphi_{u_2 i}=\psi_{u_2}-\psi_i=-50°-(-35°)=-15°\quad（电压 u_2 滞后电流 i，滞后 15°）$$

若以电流为参考正弦量，即 $\psi_i=0$

则

$$\psi_{u_1}=\psi_i+50°=50°,\quad \psi_{u_2}=\psi_i-15°=-15°$$

所以，各正弦量的函数表达式变为

$$u_1=110\sin(100t+50°)\text{V},\quad u_2=80\sin(100t-15°)\text{V},\quad i=5\sin 100t\,\text{A}$$

（5）有效值　正弦量的瞬时值随时间不断变化，计算和测量时都不方便。在实际应用中，正弦量的大小常常用有效值来表示，有效值是从电流的热效应等效的角度来定义的，其等效如图 3-5 所示。有效值的定义是：一个正弦电流 i 通过一个电阻 R 在一个周期 T 内产生的热量 Q_1，与另一直流电流 I 通过相同的电阻在时间 T 内产生的热量 Q_2 相等，则此直流电流的值 I 称为正弦电流 i 的有效值。

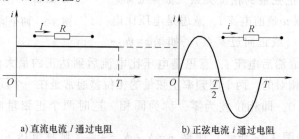

a) 直流电流 I 通过电阻　　b) 正弦电流 i 通过电阻

图 3-5　正弦量的有效值等效

根据焦耳-楞次定律，交流电流 i 通过相同阻值的电阻 R 时，在时间 T 内的发热量为

$$Q_1 = \int_0^T i^2 R \mathrm{d}t \tag{3-7}$$

直流电流 I 通过电阻 R 时，在 T 时间内的发热量为

$$Q_2 = I^2 RT \tag{3-8}$$

当 $Q_1 = Q_2$ 时，两电流产生的热量效果相等，则认为直流电流 I 就是交流电流 i 的有效值，由此可得到交流电流有效值的表达式为

$$I = \sqrt{\frac{1}{T}\int_0^T i^2 \mathrm{d}t} \tag{3-9}$$

从式（3-9）可以看出，有效值等于正弦电流的二次方、平均及再开方的值，所以有效值也叫方均根值，有效值用大写字母表示，和直流表示方法相同。

对于正弦电压和正弦电动势的有效值，同理可得

$$U = \sqrt{\frac{1}{T}\int_0^T u^2 \mathrm{d}t} \tag{3-10}$$

$$E = \sqrt{\frac{1}{T}\int_0^T e^2 \mathrm{d}t} \tag{3-11}$$

上述电流、电压及电动势有效值的公式对于任何周期性电流、电压及电动势均适用。

设正弦电流 $i(t) = I_\mathrm{m}\sin(\omega t + \psi_i)$，则其有效值为

$$I = \sqrt{\frac{1}{T}\int_0^T i^2 \mathrm{d}t} = \sqrt{\frac{1}{T}\int_0^T [I_\mathrm{m}\sin(\omega t + \psi_i)]^2 \mathrm{d}t}$$

$$= I_\mathrm{m}\sqrt{\frac{1}{T}\int_0^T \frac{1 - \cos 2(\omega t + \psi_i)}{2}\mathrm{d}t} = \frac{I_\mathrm{m}}{\sqrt{2}} = 0.707 I_\mathrm{m} \tag{3-12}$$

同理可得

$$U = \frac{U_\mathrm{m}}{\sqrt{2}} = 0.707 U_\mathrm{m} \tag{3-13}$$

$$E = \frac{E_\mathrm{m}}{\sqrt{2}} = 0.707 E_\mathrm{m} \tag{3-14}$$

可见，正弦交流电压、电流或电动势的有效值等于其最大值的 $1/\sqrt{2}$ 或 0.707 倍。

通常在交流电气设备铭牌上所标的电流、电压值均指的是有效值；大多数交流测量仪表的电压、电流读数也是指有效值。但电气设备和器件的击穿电压或绝缘耐压值指的是最大值，如电容器上所标注的电压值就是最大值。

3.1.2 正弦量的相量表示

1. 复数知识

（1）复数的几种表示形式

1）代数形式。设 A 是一个复数，它的代数形式为

$$A = a + \mathrm{j}b \tag{3-15}$$

式中，a 和 b 都为实数。a 称为实部；b 称为虚部；j 称为虚单位，在数学中虚单位用 i 表示，

由于电工中已经用 i 表示电流了，所以改用 j 表示虚单位，$j=\sqrt{-1}$。

2）向量形式。每一个复数 $A=a+jb$，在复平面上都有一个点 $A(a, b)$ 和它对应，如图 3-6 所示。从复平面的原点 O 到复数对应点 A 作一个有向线段，也称为向量，记为 $\overrightarrow{OA}$，即复数 $A=a+jb$ 的向量形式。这个向量的长度称为复数的模，记为 $|A|$；向量与正实轴所成的角称为复数的辐角，记为 ψ，一般规定复数辐角的范围为 $-\pi \leqslant \psi \leqslant \pi$。

从图 3-6 可以得出复数 A 的实部 a、虚部 b 和模 $|A|$、辐角 ψ 之间的转换关系，已知实部 a、虚部 b，求模 $|A|$、辐角 ψ，则有

$$|A|=\sqrt{a^2+b^2}$$

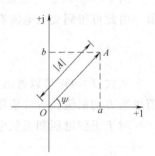

图 3-6 复数的向量形式

ψ 的求法分 8 种情况，单位为弧度（rad）：

① 当 $a>0$，$b=0$ 时，$\psi=0$。

② 当 $a>0$，$b>0$ 时，$\psi=\arctan\dfrac{b}{a}$。

③ 当 $a=0$，$b>0$ 时，$\psi=\dfrac{\pi}{2}$。

④ 当 $a<0$，$b>0$ 时，$\psi=\pi-\arctan\left|\dfrac{b}{a}\right|$ 或 $\psi=\pi+\arctan\dfrac{b}{a}$。

⑤ 当 $a<0$，$b=0$ 时，$\psi=-\pi$。

⑥ 当 $a<0$，$b<0$ 时，$\psi=-\pi+\arctan\left|\dfrac{b}{a}\right|$ 或 $\psi=-\pi+\arctan\dfrac{b}{a}$。

⑦ 当 $a=0$，$b<0$ 时，$\psi=-\dfrac{\pi}{2}$。

⑧ 当 $a>0$，$b<0$ 时，$\psi=-\arctan\left|\dfrac{b}{a}\right|$ 或 $\psi=\arctan\dfrac{b}{a}$。

已知模 $|A|$、辐角，求实部 a、虚部 b，则有

$$a=|A|\cos\psi$$
$$b=|A|\sin\psi$$

3）指数形式。复数 $A=a+jb$，还可以写成 $A=|A|\cos\psi+j|A|\sin\psi=|A|(\cos\psi+j\sin\psi)$，根据欧拉公式 $\cos\psi+j\sin\psi=e^{j\psi}$，有

$$A=|A|e^{j\psi} \tag{3-16}$$

这就是复数的指数形式。

4）极坐标形式。复数的指数形式还可简写为

$$A=|A|\angle\psi \tag{3-17}$$

这就是复数的极坐标形式。

（2）不同形式复数间的转换

1）代数形式转换为极坐标形式。

例 3-4 已知复数 $A_1=3+j4$，$A_2=-3-j4$，请将它们转换为极坐标形式。

解：复数 A_1 的模和辐角分别为

$$|A_1|=\sqrt{3^2+4^2}=5,\quad \psi_1=\arctan\dfrac{4}{3}=53.1°$$

所以复数 A_1 的极坐标形式为

$$A_1 = 5\angle 53.1°$$

复数 A_2 的模和辐角分别为

$$|A_2| = \sqrt{(-3)^2+(-4)^2} = 5, \ \psi_2 = -180°+\arctan\left|\frac{-4}{-3}\right| = -126.9°$$

所以复数 A_2 的极坐标形式为

$$A_2 = 5\angle -126.9°$$

2）极坐标形式转换为代数形式。

例 3-5 已知复数 $A_1 = 220\angle 135°$，$A_2 = 380\angle -60°$，请将它们转换为代数形式。

解：复数 A_1 的实部和虚部分别为

$$a_1 = 220\cos 135° = 220\times\left(-\frac{\sqrt{2}}{2}\right) = -110\sqrt{2}, \ b_1 = 220\sin 135° = 220\times\frac{\sqrt{2}}{2} = 110\sqrt{2}$$

所以复数 A_1 的代数形式为

$$A_1 = -110\sqrt{2}+\text{j}110\sqrt{2}$$

复数 A_2 的实部和虚部分别为

$$a_2 = 380\cos(-60°) = 380\times\frac{1}{2} = 190, \ b_2 = 380\sin(-60°) = 380\times\left(-\frac{\sqrt{3}}{2}\right) = -190\sqrt{3}$$

所以复数 A_2 的代数形式为

$$A_2 = 190-\text{j}190\sqrt{3}$$

（3）复数间的运算

1）加减运算。复数的加减运算是通过复数的代数形式来实现的，运算规则为：实部和实部相加减，虚部和虚部相加减。

例 3-6 已知复数 $A_1 = 220\angle 30°$，$A_2 = -110\sqrt{3}+\text{j}110$，求 A_1+A_2 和 A_1-A_2，并将计算结果写成极坐标形式。

解：先将复数 A_1 转换为代数形式，它的实部和虚部分别为：

$$a_1 = 220\cos 30° = 220\times\frac{\sqrt{3}}{2} = 110\sqrt{3}, \ b_1 = 220\sin 30° = 220\times\frac{1}{2} = 110$$

所以 A_1 的代数形式为

$$A_1 = 110\sqrt{3}+\text{j}110$$

$$A_1+A_2 = 110\sqrt{3}+\text{j}110+(-110\sqrt{3}+\text{j}110) = \text{j}220 = 220\angle 90°$$

$$A_1-A_2 = 110\sqrt{3}+\text{j}110-(-110\sqrt{3}+\text{j}110) = 220\sqrt{3} = 220\sqrt{3}\angle 0°$$

2）乘除运算。复数的乘除运算虽然通过代数形式和极坐标形式均可实现，但一般我们都是通过极坐标形式（或指数形式）来实现的，运算规则为：模和模相乘除，辐角和辐角相加减。

例 3-7 已知复数 $A_1 = 220\angle 60°$，$A_2 = 5\sqrt{3}-\text{j}5$，求 A_1A_2 和 $\dfrac{A_1}{A_2}$，并将计算结果写成极坐标形式。

解：先将复数 A_2 转换为极坐标形式，它的模和辐角分别为

$$|A_2| = \sqrt{(5\sqrt{3})^2 + (-5)^2} = 10, \psi_2 = -\arctan\left|\frac{-5}{5\sqrt{3}}\right| = -30°$$

所以复数 A_2 的极坐标形式为

$$A_2 = 10 \angle -30°$$

$$A_1 A_2 = 220 \angle 60° \times 10 \angle -30° = 2200 \angle 30°$$

$$\frac{A_1}{A_2} = \frac{220 \angle 60°}{10 \angle -30°} = 22 \angle 90°$$

2. 正弦量的相量表示

我们前面讲过，正弦量可以用三角函数表达式表示，也可用波形图来表示，但这两种表示法都很难解决正弦量的运算问题，相量表示法就很好地解决了此问题。正弦量的相量表示就是用复数来表示正弦量。

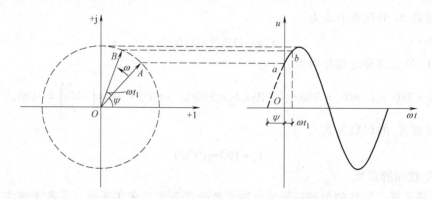

图 3-7 旋转向量与正弦量的对应关系

设有一正弦电压 $u = U_m \sin(\omega t + \psi)$，其波形如图 3-7 右图所示，左图是一旋转向量 $\overrightarrow{OA}$，它的长度代表正弦量的幅值，它的初始位置（$t = 0$ 时的位置）与实轴正方向所成的角等于正弦量的初相位 ψ，并以正弦量的角频率 ω 逆时针旋转。当旋转向量在任意时刻 t 时，在虚轴上的投影正是正弦量 u 在该时刻的瞬时值，可见，这个旋转向量 $\overrightarrow{OA}$ 和正弦量 u 建立了一一对应关系，即旋转向量可以表示正弦量。

在同一正弦交流电路中，电压（或电动势）、电流都是同频率的正弦量，如果把这些量在一个复平面内用对应的旋转向量来表示，那么这些旋转向量的角速度是相同的，这样，各个向量在任意 t 时刻的相对位置和在初始时刻的相对位置是一样的，所以我们可以不考虑它们的旋转，只用起始位置的向量来表示正弦量，而这起始位置的向量也表示一个复数，所以正弦量可以用复数来表示。

表示正弦量的复数称为正弦量的相量，复数的模等于正弦量的最大值（或有效值），复数的辐角等于正弦量的初相位。当复数的模等于正弦量的最大值时，称为正弦量最大值相量，用 $\dot{I}_m$、$\dot{U}_m$、$\dot{E}_m$ 表示；当复数的模等于正弦量的有效值时，称为正弦量有效值相量，用 $\dot{I}$、$\dot{U}$、$\dot{E}$ 表示。一般在无特殊说明的情况下，正弦量的相量均指的是有效值相量。

设正弦电压 $u(t) = U_m \sin(\omega t + \psi_u)$，它的最大值相量 $\dot{U}_m = U_m \angle \psi_u$，有效值相量 $\dot{U} = $

$U\underline{/\psi_u}$；正弦电流 $i(t)=I_m\sin(\omega t+\psi_i)$，它的最大值相量 $\dot{I}_m=I_m\underline{/\psi_i}$，有效值相量 $\dot{I}=I\underline{/\psi_i}$；正弦电动势 $e(t)=E_m\sin(\omega t+\psi_e)$，它的最大值相量 $\dot{E}_m=E_m\underline{/\psi_e}$，有效值相量 $\dot{E}=E\underline{/\psi_e}$。

将正弦量的相量画在复平面上，所成的图形称为相量图。只有同频率正弦量的相量才能画在同一个复平面上，否则没有意义。作相量图时，实轴和虚轴一般省略不画。

需要强调指出，正弦量并不等于相量，而是与相量一一对应，只是用相量来表示；另外，正弦量的相量也是对应于选定的参考方向而言的，同一正弦量，参考方向选择不同，初相位差180°，它们相量的辐角也差180°，在相量图上方向相反。

例 3-8 已知正弦量 $u=220\sqrt{2}\sin(314t+30°)$ V，$i=10\sqrt{2}\sin(314t-60°)$ A，试写出它们的相量表示（相量式），并画出相量图。

解：两个正弦量的相量式如下：

$$\dot{U}=220\underline{/30°}\text{ V},\quad \dot{I}=10\underline{/-60°}\text{ A}$$

两个正弦量的相量图如图 3-8 所示。

3. 同频率正弦量的加、减运算

将两个同频率正弦量的三角函数式相加（或相减），通过数学推导，可以证明：同频率正弦量相加（或相减）的结果，仍是一个同频率的正弦量。

图 3-8 两个正弦量的相量图

在上面结论的基础上，我们可以引入一个定理：正弦量的和（或差）的相量，等于正弦量的相量的和（或差）。定理的证明不难，在这里省略。

根据这一定理，可以把同频率正弦量的和（或差）问题转化为相量的和（或差）问题，即复数的和（或差）的运算问题。

根据这一定理，在正弦交流电路中，基尔霍夫电压定律可以写成相量形式，即

$$\sum \dot{U}=0 \text{ 或 } \sum \dot{U}_{升}=\sum \dot{U}_{降}$$

基尔霍夫电流定律可以写成相量形式，即

$$\sum \dot{I}=0 \text{ 或 } \sum \dot{I}_{流入}=\sum \dot{I}_{流出}$$

例 3-9 已知正弦量 $u_A=220\sqrt{2}\sin314t$ V，$u_B=220\sqrt{2}\sin(314t-120°)$ V，试求 u_A+u_B 和 u_A-u_B 的三角函数式。

解：设 $u_{A+B}=u_A+u_B$，根据本节所学定理，转化为相量运算。

$$\begin{aligned}\dot{U}_{A+B}&=\dot{U}_A+\dot{U}_B\\&=220\underline{/0°}+220\underline{/-120°}\\&=220\cos0°+j220\sin0°+220\cos(-120°)+j220\sin(-120°)\\&=220-110-j110\sqrt{3}\\&=110-j110\sqrt{3}\\&=\sqrt{110^2+(-110\sqrt{3})^2}\underline{/-\arctan\left|\frac{-110\sqrt{3}}{110}\right|}\\&=220\underline{/-60°}\text{ V}\end{aligned}$$

所以，$u_{A+B}=220\sqrt{2}\sin(314t-60°)$ V

设 $u_{A-B}=u_A-u_B$，根据本节所学定理，转化为相量运算。

$$\dot{U}_{A-B}=\dot{U}_A-\dot{U}_B$$
$$=220\angle 0°-220\angle -120°$$
$$=220\cos0°+j220\sin0°-[220\cos(-120°)+j220\sin(-120°)]$$
$$=220+110+j110\sqrt{3}$$
$$=330+j110\sqrt{3}$$
$$=\sqrt{330^2+(110\sqrt{3})^2}\angle\arctan\left|\frac{110\sqrt{3}}{330}\right|$$
$$=220\sqrt{3}\angle 30°\text{ V}$$

所以，$u_{A-B}=220\sqrt{3}\times\sqrt{2}\sin(314t+30°)\text{ V}=220\sqrt{6}\sin(314t+30°)\text{ V}$

3.1.3 理想电路元件的交流伏安特性

1. 电阻元件

（1）电压与电流　如图 3-9a 所示，电阻元件的电压和电流参考方向关联时，设 $u=\sqrt{2}U\sin(\omega t+\psi_u)$，根据欧姆定律有

$$i=\frac{u}{R}=\frac{\sqrt{2}U\sin(\omega t+\psi_u)}{R}=\sqrt{2}\frac{U}{R}\sin(\omega t+\psi_u)=\sqrt{2}I\sin(\omega t+\psi_i)$$

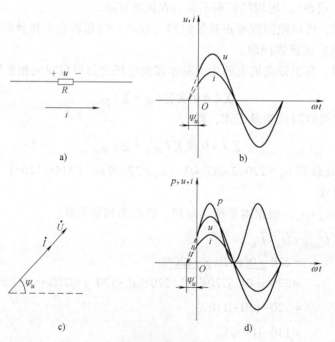

图 3-9　电阻元件

从 i 的结果中可以看出，电流和电压有效值的关系为：$I=\dfrac{U}{R}$；电流和电压的角频率相同，均为 ω；电流和电压的初相位相同，即 $\psi_i=\psi_u$，称为同相，电压和电流的波形如图3-9b

所示。

在正弦交流电路中,电阻的电压和电流可以用相量来表示,设 $\dot{U}=U\underline{/\psi_u}$、$\dot{I}=I\underline{/\psi_i}$,当电阻的电压与电流参考方向关联时,由于 $I=\dfrac{U}{R}$、$\psi_i=\psi_u$,于是有

$$\dot{I}=I\underline{/\psi_i}=\dfrac{U}{R}\underline{/\psi_u}=\dfrac{U\underline{/\psi_u}}{R}=\dfrac{\dot{U}}{R}, 即$$

$$\dot{I}=\dfrac{\dot{U}}{R} \tag{3-18}$$

式(3-18)表明,在正弦交流电路中,电阻元件的电压和电流相量间的关系也符合欧姆定律,电压和电流的相量图如图3-9c所示。当电压与电流的参考方向不关联时,式(3-18)要加"-"号。

(2)功率 电阻元件在某一时刻的功率称为该时刻的瞬时功率,用小写的 p 来表示;在一段时间内瞬时功率的平均值称为平均功率,代表着能量消耗的平均速度,用大写的 P 来表示,单位为瓦特(W)。

在正弦交流电路中,当电阻元件的电压和电流的参考方向关联时,电压和电流的相位关系是同相的,设

$$u=\sqrt{2}U\sin(\omega t+\psi), i=\sqrt{2}I\sin(\omega t+\psi)$$

电阻元件的瞬时功率 p 为

$$\begin{aligned}p&=ui=\sqrt{2}U\sin(\omega t+\psi)\times\sqrt{2}I\sin(\omega t+\psi)\\&=2UI[\sin(\omega t+\psi)]^2\\&=UI[1-\cos 2(\omega t+\psi)]\end{aligned}$$

瞬时功率 p 的波形如图3-9d所示,它的变化频率是电压(或电流)频率的两倍,而且 $p\geq 0$。

电阻元件的平均功率 P 为

$$\begin{aligned}P&=\dfrac{1}{T}\int_0^T p\,\mathrm{d}t\\&=\dfrac{1}{T}\int_0^T UI[1-\cos 2(\omega t+\psi)]\,\mathrm{d}t\\&=UI\end{aligned}$$

可见,$P\neq 0$,而且 $p\geq 0$,所以电阻元件时刻在消耗电能,其为耗能元件。

2. 电感元件

(1)电压与电流 如图3-10a所示,当电压和电流的参考方向关联时,设 $i=\sqrt{2}I\sin(\omega t+\psi_i)$,根据电感元件的伏安关系有

$$\begin{aligned}u&=L\dfrac{\mathrm{d}i}{\mathrm{d}t}=L\dfrac{\mathrm{d}[\sqrt{2}I\sin(\omega t+\psi_i)]}{\mathrm{d}t}=\sqrt{2}\omega LI\cos(\omega t+\psi_i)\\&=\sqrt{2}\omega LI\sin\left(\omega t+\psi_i+\dfrac{\pi}{2}\right)=\sqrt{2}U\sin(\omega t+\psi_u)\end{aligned}$$

从 u 结果中可以看出,电压和电流有效值的关系为:$U=\omega LI$,设 $X_L=\omega L$,即

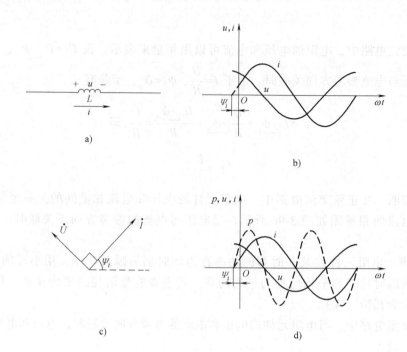

图 3-10 电感元件

$$X_L = \omega L = 2\pi f = \frac{U}{I} = \frac{U_m}{I_m} \tag{3-19}$$

式中，X_L 称为感抗，表示电感元件对交流电流的阻碍作用，单位为欧姆（Ω）。当电感元件的电感量 L 一定时，感抗和交流电的频率成正比，所以电感元件具有通低频阻高频的特性，对于直流而言可视为短路，无阻碍作用；电压和电流的角频率相同，均为 ω；电压和电流的初相位关系为：$\psi_u = \psi_i + \frac{\pi}{2}$，即电压超前电流 $\frac{\pi}{2}$；电压和电流的波形如图 3-10b 所示。

在正弦交流电路中，电感的电压和电流可以用相量来表示，设 $\dot{U} = U\underline{/\psi_u}$、$\dot{I} = I\underline{/\psi_i}$，当电感的电压与电流参考方向关联时，由于 $U = \omega L I = X_L I$、$\psi_u = \psi_i + \frac{\pi}{2}$，于是有

$$\dot{U} = U\underline{/\psi_u} = X_L I\underline{/(\psi_i + \pi/2)} = X_L I\underline{/\psi_i} \times 1\underline{/\pi/2} = jX_L \dot{I}$$

即

$$\dot{I} = \frac{\dot{U}}{jX_L} \tag{3-20}$$

式（3-20）表明，在正弦交流电路中，电感元件的电压和电流相量间的关系也符合欧姆定律，电压和电流的相量图如图 3-10c 所示。当电压与电流的参考方向不关联时，式（3-20）要加 "-" 号。

（2）功率　在正弦交流电路中，当电感元件的电压和电流的参考方向关联时，电压和电流的相位关系是电压超前电流 $\frac{\pi}{2}$，设

$$u=\sqrt{2}U\sin\left(\omega t+\psi+\frac{\pi}{2}\right), i=\sqrt{2}I\sin(\omega t+\psi)$$

电感元件的瞬时功率 p 为

$$p=ui=\sqrt{2}U\sin\left(\omega t+\psi+\frac{\pi}{2}\right)\times\sqrt{2}I\sin(\omega t+\psi)$$

$$=2UI\cos(\omega t+\psi)\sin(\omega t+\psi)$$

$$=UI\sin2(\omega t+\psi)$$

瞬时功率 p 的波形如图 3-10d 所示,它的变化频率是电压(或电流)频率的两倍,而且 p 的正、负在自身的周期内交替变化,即半个周期为正,吸收能量;半个周期为负,释放能量。

电感元件的平均功率 P 为

$$P=\frac{1}{T}\int_0^T p\,dt$$

$$=\frac{1}{T}\int_0^T UI\sin2(\omega t+\psi)\,dt$$

$$=0$$

可见,$P=0$,说明电感元件没有能量消耗,但它和电源之间进行了能量的交换,即一会从电源吸收能量,一会又把吸收的能量释放出去,所以电感元件为储能元件。

3. 电容元件

(1) 电压与电流 如图 3-11a 所示,当电压的参考方向和电流的参考方向关联时,设 $u=\sqrt{2}U\sin(\omega t+\psi_u)$,根据电容元件的伏安关系有

$$i=C\frac{du}{dt}=C\frac{d[\sqrt{2}U\sin(\omega t+\psi_u)]}{dt}=\sqrt{2}\omega CU\cos(\omega t+\psi_u)$$

$$=\sqrt{2}\omega CU\sin\left(\omega t+\psi_u+\frac{\pi}{2}\right)=\sqrt{2}I\sin(\omega t+\psi_i)$$

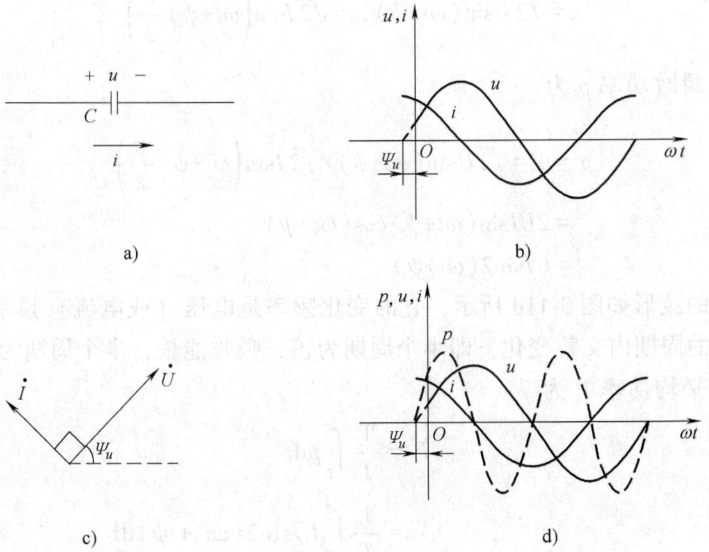

图 3-11 电容元件

从 i 结果中可以看出,电流和电压有效值的关系为:$I=\omega CU$,设 $X_C=\dfrac{1}{\omega C}$,即

$$X_C=\dfrac{1}{\omega C}=\dfrac{1}{2\pi fC}=\dfrac{U}{I}=\dfrac{U_m}{I_m} \tag{3-21}$$

式中,X_C 称为容抗,表示电容元件对交流电流的阻碍作用,单位为欧姆(Ω)。当电容元件的电容量 C 一定时,容抗和交流电的频率成反比,所以电容元件具有通高频阻低频的特性,对于直流而言可视为开路,阻碍作用最大;电流和电压的角频率相同,均为 ω;电流和电压的初相位关系为:$\psi_i=\psi_u+\dfrac{\pi}{2}$,即电流超前电压 $\dfrac{\pi}{2}$;电压和电流的波形如图 3-11b 所示。

在正弦交流电路中,电感的电压和电流可以用相量来表示,设 $\dot{U}=U\angle\psi_u$、$\dot{I}=I\angle\psi_i$,当电感的电压与电流参考方向关联时,由于 $I=\omega CU=\dfrac{U}{X_C}$、$\psi_i=\psi_u+\dfrac{\pi}{2}$,于是有

$$\dot{I}=I\angle\psi_i=\dfrac{U}{X_C}\angle(\psi_u+\pi/2)=\dfrac{U\angle\psi_u\times 1\angle\pi/2}{X_C}=\dfrac{\dot{U}\times\text{j}}{X_C}=\dfrac{\dot{U}}{-\text{j}X_C}$$

即

$$\dot{I}=\dfrac{\dot{U}}{-\text{j}X_C} \tag{3-22}$$

式(3-22)表明,在正弦交流电路中,电容元件的电压和电流相量间的关系也符合欧姆定律,电压和电流的相量图如图 3-11c 所示。当电压与电流的参考方向不关联时,式(3-22)要加"-"号。

(2)功率 在正弦交流电路中,当电容元件的电压和电流的参考方向关联时,电压和电流的相位关系是电流超前电压 $\dfrac{\pi}{2}$,设

$$u=\sqrt{2}U\sin(\omega t+\psi),i=\sqrt{2}I\sin\left(\omega t+\psi+\dfrac{\pi}{2}\right)$$

电容元件的瞬时功率 p 为

$$\begin{aligned}p&=ui=\sqrt{2}U\sin(\omega t+\psi)\times\sqrt{2}I\sin\left(\omega t+\psi+\dfrac{\pi}{2}\right)\\&=2UI\sin(\omega t+\psi)\cos(\omega t+\psi)\\&=UI\sin2(\omega t+\psi)\end{aligned}$$

瞬时功率 p 的波形如图 3-11d 所示,它的变化频率是电压(或电流)频率的两倍,而且 p 的正、负在自身的周期内交替变化,即半个周期为正,吸收能量;半个周期为负,释放能量。

电容元件的平均功率 P 为

$$\begin{aligned}P&=\dfrac{1}{T}\int_0^T p\,\text{d}t\\&=\dfrac{1}{T}\int_0^T UI\sin2(\omega t+\psi)\,\text{d}t\\&=0\end{aligned}$$

可见，$P=0$，说明电容元件没有能量消耗，但它和电源之间进行了能量的交换，即一会儿从电源吸收能量，一会儿又把吸收的能量释放出去，所以电容元件为储能元件。

3.1.4　电感元件与电容元件的识别与检测

1. 电感元件

（1）电感元件的识别　在实际电路中，电感元件即为电感器，也就是我们所说的电感线圈，如图 3-12 所示。

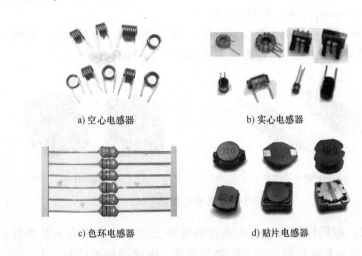

图 3-12　电感器

1）电感元件的种类。电感器的种类较多，按结构分，电感器可分为空心电感器（空心电感线圈）与实心电感器（实心电感线圈）；按封装形式分，电感器分为直插电感器（如图 3-12a、b、c 所示）和贴片电感器（如图 3-12d 所示）；按工作频率分，电感器分为高频电感器、中频电感器和低频电感器，一般空心、磁心或铜心电感器为中频或高频电感器，铁心电感器为低频电感器；按电感量是否可调分，电感器分为固定电感器（如图 3-12a、b、c、d 所示）和可调电感器。

2）电感元件的电路符号。电感元件的电路符号如图 3-13 所示。

3）电感元件的主要参数。电感元件的主要参数有电感量 L、品质因数 Q、分布电容和额定电流。其中电感量与电感线圈的匝数、线圈的绕制方式及有无铁（或磁）心有关，线圈的匝数越多、绕圈绕制的越密，线圈的电感量越大，有铁（或磁）心的

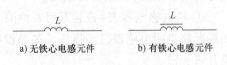

图 3-13　电感元件的电路符号

比无铁（或磁）心的电感量大；品质因数是指线圈在某一频率的交流电压下工作时，线圈所呈现的感抗与线圈的总等效损耗电阻的比值，理想电感器的 Q 值为无穷大；分布电容是指电感器的匝与匝之间或线圈与铁（或磁）心之间、线圈与屏蔽层之间存在的电容，分布电容的存在会使电感器的 Q 值变小，稳定性能降低；额定电流是指电感器正常工作时允许长期通过的最大电流值。当电感器工作时通过的电流超过额定电流，就会因过热而损坏。

4）电感元件的标识方法

①直标法。直标法就是在电感器的外壳上直接标出主要参数的方法。例如，电感器上

标注的 220μH、±5%、50mA 即为直标法。

② 色标法。色标法指的是在电感器的外壳上涂以不同颜色的色环，用来表示其参数。电感色环的读法和电阻色环的读法相同，如四环电感的读法为：前两环为有效数字，第三环为倍率，第四环为误差等级，电感量的单位为 μH。其中有效数字环色环的颜色代表的数字为：黑 0、棕 1、红 2、橙 3、黄 4、绿 5、蓝 6、紫 7、灰 8、白 9；倍率环色环的颜色代表的倍率为：黑 10^0、棕 10^1、红 10^2、橙 10^3、黄 10^4、绿 10^5、蓝 10^6、紫 10^7、灰 10^8、白 10^9、金 10^{-1}、银 10^{-2}；误差环的颜色代表的误差等级为：金±5%、银±10%、无色±20%、棕±1%、红±2%、绿±0.5%、蓝±0.25%、灰±0.05%。

例如，某电感器的色环分别为黄、紫、黑、银（如图 3-14a 所示），则表示有效数字为 47、倍率为 10^0、误差为±10%，其电感量为 47×（1±10%）μH。

a) 色标法　　　　　　　b) 数码标注法

图 3-14　电感的标识方法

③ 数码标注法。数码标注法是在电感器的外壳上用三位数字表示其参数。三位数的读法为：前两位数字表示有效数字，第三位表示倍率，电感量的单位为 μH。

例如，某电感器的数码标注为 471，如图 3-14b 所示，则表示此电感器的电感量的有效数字为 47，倍率为 10^1，即电感量为 470μH；某电感器的数码标注为 100，则表示此电感器的电感量为 10μH。

5）电感元件的检测方法。准确测量电感器的电感量 L 和品质因数 Q，可用 LCR 电桥或 Q 表。平时我们用得比较多的是电感电容表+普通万用表，或具有电感测量档的多功能万用表。

电感器在检测前一定在电路断电的情况下，将电感器的从电路中断开（至少断开一端，最好两端都断开），然后再检测。

① 用电感电容表+普通万用表检测。先用万用表的电阻档测量电感的两端是否为断路，如果断路说明电感器已经损坏，如果没有断路，再用电感电容表的电感档测量电感器的电感量是否正常。

② 用带有电感测量档的多功能万用表检测。先用万用表的电阻档测量电感的两端是否为断路，如果断路说明电感器已经损坏，如果没有断路，再用电感档测量电感器的电感量是否正常。

2. 电容元件

在实际电路中，电容元件即为电容器，是由两个金属极板间隔有绝缘介质构成的，外形如图 3-15 所示。

1）电容器的种类。电容器的种类很多，根据有无极性来分，可分为有极性电容器（电解电容和钽电容）和无极性电容器；根据绝缘介质材料不同来分，可分为陶瓷电容器、云

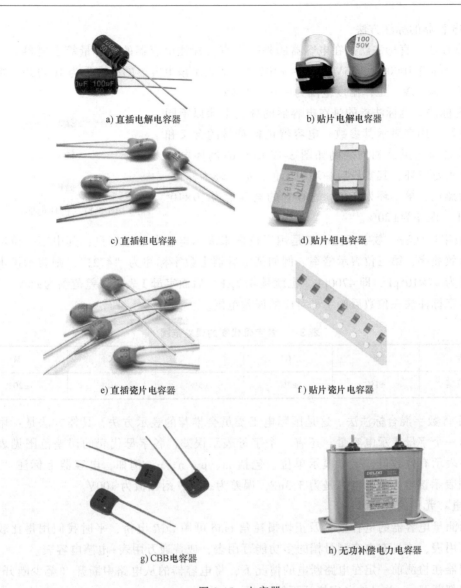

a) 直插电解电容器   b) 贴片电解电容器
c) 直插钽电容器   d) 贴片钽电容器
e) 直插瓷片电容器   f) 贴片瓷片电容器
g) CBB电容器   h) 无功补偿电力电容器

图 3-15　电容器

母电容器、纸介电容器、薄膜电容器、玻璃釉电容器、钽电容器、电解电容器等；根据电容量是否可变，可分为固定电容器和可调电容器。

2）电容器的电路符号。电容器的电路符号如图 3-16 所示。

a) 极性电容器　　b) 电容器一般符号

图 3-16　电容器的电路符号

3）电容元件的主要参数。电容元件的主要参数有电容量 C、额定电压、工作温度范围、正切损耗角 $\tan\delta$ 等。其中电容量和电容器两个极板的正对面积、极板间的距离、极板间的绝缘介质有关。额定电压是指电容器在电路中能长期可靠工作而不被击穿的最高电压，又称耐压；工作温度范围是指电容器在电路中能长期可靠工作的最低温度到最高温度；正切损耗角 $\tan\delta$ 是指电容器的有功功率和无功功率的比值，理想电容的该值为零。

4）电容器的标注方法

① 直标法。直标法就是在电容器的外壳上直接标注电容器的电容量等主要参数。例如电解电容上标有1000μF、35V、-40~+105℃，即表示该电容器的电容量为1000μF、额定电压（耐压）为35V、工作温度范围为-40~+105℃。

② 色标法。色标法指的是在电容器的外壳上涂以不同颜色的色环，用来表示其参数。电容器色标符号的含义和色环的读法和电阻器相同。例如图3-17所示的色环电容器，看上去是三环，其实最后一环为无色，第一环为棕色，第二环为黑色，第三环为红色，这样它的电容量为 10×10^2 即1000pF，误差为±20%。

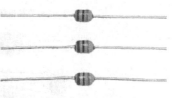

图3-17 色环电容器

③ 数字标注法。数字标注法就是用三位数来表示电容器的电容量，其中第一位和第二位表示有效数字，第三位表示倍率。例如某电容器上数字标注为"472J"，则表示该电容器的电容量为 47×10^2 pF，即4700pF，也就是4.7μF。后面字母J表示误差范围为±5%。表3-1给出了数字标注法三位数后的字母对应的误差范围。

表3-1 各字母代表的误差范围

字母	F	G	J	K	M
误差范围	±1%	±2%	±5%	±10%	±20%

④ 字母数字混合标注法。这是国际电工委员会推荐的表示方法，具体方法是：用2~4位数字和一个字母表示电容量，还有一个字母表示误差，各字母代表的误差范围见表3-1。其中数字表示有效数值，字母表示单位，包括m、μ、n、p。例如，电容器上标注"3n3J、100"，则表示该电容器的电容是为3.3nF，误差为±5%，耐压值为100V。

5）电容元件的检测方法

准确测量电容器的电容量 C 及正切损耗角 $\tan\delta$ 可用 LCR 电桥，平时我们用得比较多的是普通万用表，或具有电容测量档的多功能万用表，或普通万用表+电感电容表。

电容器在检测前一定在电路断电的情况下，将电容器的从电路中断开（至少断开一端，最好两端都断开），并且放电完毕后再检测。

① 普通万用表法。先检查漏电阻，方法是用万用表的电阻档测量电容器的电阻（注意检查有极性电容时，红、黑表笔不能接反），当测量达到稳定状态（即阻值不变化）时，如果漏电阻值小于500kΩ说明电容器漏电，如果电阻值为零，说明电容器内部短路。若电容器无漏电，接下来就用电阻档观察电器容的充电过程，还是先将电容器放电，再测量电阻（注意电阻的档位，容量越小，电阻的档位选择越大），观察阻值是否有从小到大，最后变为无穷大的过程，如果有，就说明电容器有电容量，但具体值无法估测，这种方法不适于测量小容量的电容器，因为其充电过程不明显。

② 具有电容测量档位的万用表法。也是先检查漏电阻，方法同上。当电容器无漏电时，再用万用表的电容档测量电容器的电容量，此方法能够准确检测出电容器的好坏。

③ 普通万用表+电感电容表法。也是先检查漏电阻，方法是同上。当电容器无漏电时，再用电感电容表的电容档测量电容器的电容量，此方法能够准确检测出电容器的好坏。

3.1.5 复阻抗、复阻抗的串并联及等效应用

1. 复阻抗

无源二端网络如图 3-18a 所示,在正弦交流电路中,一个无源二端网络,在端口电压和电流参考方向关联的情况下,把端口电压相量和电流相量的比值称为该二端网络的复阻抗。复阻抗用 Z 表示,单位为欧姆(Ω)。

根据复阻抗的定义有

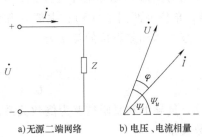

a) 无源二端网络　　b) 电压、电流相量

图 3-18　无源二端网络及电压、电流相量

$$Z = \frac{\dot{U}}{\dot{I}} = |Z| \angle \varphi \tag{3-23}$$

复阻抗的模 $|Z|$ 称为阻抗,即电压与电流有效值的比值 U/I;复阻抗的辐角 φ 称为阻抗角,即关联参考方向下的电压与电流的相位差 $\psi_u - \psi_i$,当 $\varphi = 0$ 时,电路呈阻性,即电压与电流同相;当 $\varphi > 0$ 时,电路呈感性,即电压超前电流;当 $\varphi < 0$ 时,电路呈容性,即电压滞后电流。

设复阻抗的代数形式为

$$Z = R + jX \tag{3-24}$$

复阻抗的实部 R 称为电阻(注意,R 不能简单理解为电路中电阻的等效,它是复阻抗的实部),单位为欧姆(Ω);复阻抗的虚部 X 称为电抗,单位也为欧姆(Ω)。

有了复阻抗的定义,无源二端网络端口电压和电流参考方向关联时,则有

$$\dot{I} = \frac{\dot{U}}{Z} \tag{3-25}$$

式(3-25)称为相量形式的欧姆定律,当电压和电流的参考方向不关联时,式(3-25)要加"-"号。如果把复阻抗的代数形式代入并分母有理化可得

$$\dot{I} = \frac{\dot{U}}{Z} = \frac{\dot{U}}{R + jX} = \frac{\dot{U}(R - jX)}{(R + jX)(R - jX)} = \frac{R\dot{U} - jX\dot{U}}{R^2 + X^2}$$

$$= \frac{R}{R^2 + X^2}\dot{U} - j\frac{X}{R^2 + X^2}\dot{U}$$

$$= \dot{I}_a + \dot{I}_r$$

$\dot{I}_a$ 与电压同相,称为电流的有功分量,$\dot{I}_r$ 与电压正交(相位差为90°或-90°),称为电流的无功分量。电压与电流的相量图如图 3-18b 所示。

对于无源二端网络,还可以定义在电压和电流参考方向关联的情况下,端口电流相量和电压相量的比值称为复导纳。复导纳用 Y 表示,即

$$Y = \frac{\dot{I}}{\dot{U}} = |Y| \angle \varphi'$$

复导纳的单位为西门子(S)。复导纳的模 $|Y|$ 称导纳,即电流与电压有效值的比值 I/U;复

导纳的辐角 φ' 称为导纳角,即关联参考方向下电流与电压的相位差 $\psi_i-\psi_u$。当 $\varphi'=0$ 时,电路呈阻性,即电压与电流同相;当 $\varphi'>0$ 时,电路呈容性,即电流超前电压;当 $\varphi'<0$ 时,电路呈感性,即电流滞后电压。复导纳的代数形式为

$$Y = G + jB$$

复导纳的实部 G 称为电导(注意,G 不能简单理解为电路中电导的等效,它是复导纳的实部),单位为西门子(S);虚部 B 称为电纳,单位也为西门子(S)。

复导纳和复阻抗的关系为

$$Y = \frac{\dot{I}}{\dot{U}} = |Y|\angle\varphi' = \frac{1}{Z} = \frac{1}{|Z|\angle\varphi} = \frac{1}{|Z|}\angle-\varphi$$

可见,复导纳和复阻抗互为倒数关系,导纳和阻抗也互为倒数关系,导纳角和阻抗角互为相反数关系。

有了复阻抗和复导纳的定义,根据前面学过的电阻元件、电感元件、电容元件的电压与电流的相量关系得到,电阻元件的复阻抗 $Z=R$,复导纳 $Y=\frac{1}{R}=G$;电感元件的复阻抗 $Z=jX_L$,复导纳 $Y=\frac{1}{jX_L}=-j\frac{1}{X_L}=-jB_L$,$B_L$ 称为感纳,和感抗互为倒数关系,$B_L=\frac{1}{\omega L}$;电容元件的复阻抗 $Z=-jX_C$,复导纳 $Y=\frac{1}{-jX_C}=j\frac{1}{X_C}=jB_C$,$B_C$ 称为容纳,和容抗互为倒数关系,$B_C=\omega C$。

2. 复阻抗的串联

如图 3-19a 所示,无源二端网络由电阻、电感和电容串联构成,电阻的阻值为 R,电感的电感量为 L,电容的电容量为 C。设端口电压相量 $\dot{U}$ 和电流相量 $\dot{I}$ 参考方向关联,电阻的电压相量为 $\dot{U}_R$,电感的电压相量 $\dot{U}_L$,电容的电压相量 $\dot{U}_C$,根据基尔霍夫电压定律和欧姆定律有

$$\begin{aligned}\dot{U} &= \dot{U}_R + \dot{U}_L + \dot{U}_C \\ &= R\dot{I} + jX_L\dot{I} - jX_C\dot{I} \\ &= R\dot{I} + jX_L\dot{I} + (-jX_C)\dot{I} \\ &= [R + jX_L + (-jX_C)]\dot{I} \\ &= Z\dot{I}\end{aligned}$$

Z 为 RLC 串联无源二端网络的等效复阻抗,可以得出 $Z=R+jX_L+(-jX_C)$,即 RLC 串联电路的等效复阻抗等于各串联复阻抗之和,此结论可以推广:**在正弦交流电路中,串联电路的等效复阻抗等于各个串联复阻抗之和。**

RLC 串联电路的阻抗 $|Z|=\sqrt{R^2+(X_L-X_C)^2}$,阻抗角 φ 的求解分三种情况,当 $X_L=X_C$ 时,$\varphi=0$,即电路呈阻性;当 $X_L>X_C$ 时,$\varphi=\arctan\frac{X_L-X_C}{R}$,电路呈感性;当 $X_L<X_C$ 时,$\varphi=-\arctan\left|\frac{X_L-X_C}{R}\right|$,电路呈容性。$|Z|$、$R$、$X=X_L-X_C$ 构成一个三角形,称为阻抗三角形,如

图 3-19b 所示。

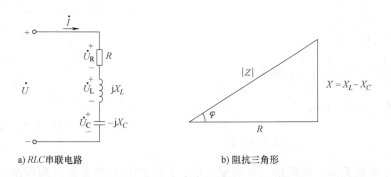

a) RLC串联电路　　　　b) 阻抗三角形

图 3-19　RLC 串联

例 3-10　已知有两个复阻抗 $Z_1=(10+j25)\Omega$，$Z_2=(10-j5)\Omega$，它们以串联的方式接到 $\dot{U}=220\angle 45°$ V 的工频电源上，如图 3-20a 所示，试计算电路中的电流 $\dot{I}$ 和各个复阻抗上的电压 $\dot{U}_1$ 和 $\dot{U}_2$ 并作相量图。

解：设串联电路的等效复阻抗为 Z，则有

$$Z=Z_1+Z_2=(10+j25+10-j5)\Omega=(20+j20)\Omega=20\sqrt{2}\angle 45°\ \Omega$$

$$\dot{I}=\frac{\dot{U}}{Z}=\frac{220\angle 45°}{20\sqrt{2}\angle 45°}\text{A}=7.8\angle 0°\text{A}$$

$$\dot{U}_1=Z_1\dot{I}=(10+j25)\times 7.8\angle 0°\ \text{V}=26.9\angle 68.2°\times 7.8\angle 0°\ \text{V}=209.8\angle 68.2°\ \text{V}$$

$$\dot{U}_2=Z_2\dot{I}=(10-j5)\times 7.8\angle 0°\ \text{V}=11.2\angle -26.6°\times 7.8\angle 0°\ \text{V}=87.4\angle -26.6°\ \text{V}$$

电流与电压的相量图如图 3-20b 所示。

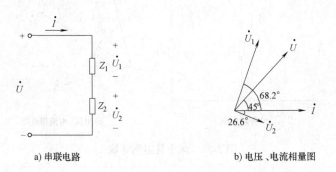

a) 串联电路　　　　b) 电压、电流相量图

图 3-20　两个复阻抗串联

3. 复阻抗的并联

如图 3-21 所示，无源二端网络由电阻、电感和电容并联构成，电阻的阻值为 R，电感的电感量为 L，电容的电容量为 C。设端口电压相量 $\dot{U}$ 和电流相量 $\dot{I}$ 参考方向关联，电阻的电流相量为 $\dot{I}_R$，电感的电流相量 $\dot{I}_L$，电容的电压相量 $\dot{I}_C$，根据基尔霍夫电流定律和欧姆定律有

$$\dot{I} = \dot{I}_R + \dot{I}_L + \dot{I}_C$$
$$= \frac{\dot{U}}{R} + \frac{\dot{U}}{jX_L} + \frac{\dot{U}}{-jX_C}$$
$$= \left(\frac{1}{R} + \frac{1}{jX_L} + \frac{1}{-jX_C}\right)\dot{U} \quad \text{或者}$$
$$= [G + (-jB_L) + jB_C]\dot{U}$$
$$= \frac{\dot{U}}{Z} \qquad \text{或者} = Y\dot{U}$$

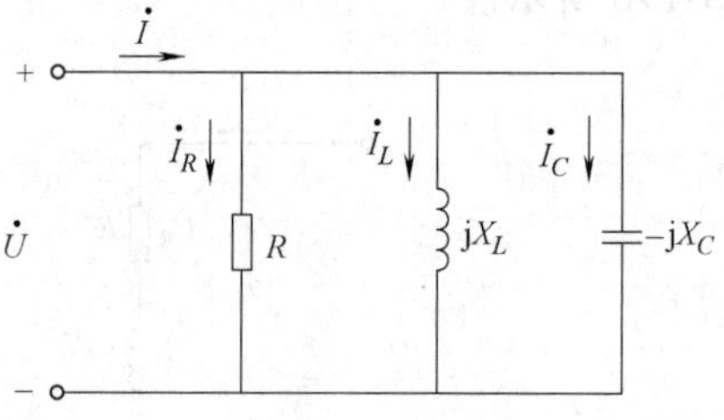

图 3-21 RLC 并联

Z 为 RLC 并联无源二端网络的等效复阻抗，Y 为 RLC 并联无源二端网络的等效复导纳，可以得出

$$\frac{1}{Z} = \frac{1}{R} + \frac{1}{jX_L} + \frac{1}{-jX_C}$$
$$Y = G + (-jB_L) + jB_C$$

即并联无源二端网络的等效复阻抗的倒数等于各并联复阻抗倒数的和，此结论可以推广：**在正弦交流电路中，并联电路的等效复阻抗的倒数（即复导纳）等于各个并联复阻抗倒数（即复导纳）之和。**

例 3-11 已知有两个复阻抗 $Z_1 = (10+j10)\Omega$，$Z_2 = (10-j10)\Omega$，它们以并联的方式接到 $\dot{U} = 220\angle 30°$ V 的工频电源上，如图 3-22a 所示，试求：

（1）电路的等效复阻抗 Z；

（2）电流 $\dot{I}$、$\dot{I}_1$ 和 $\dot{I}_2$，并画相量图。

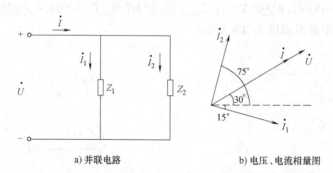

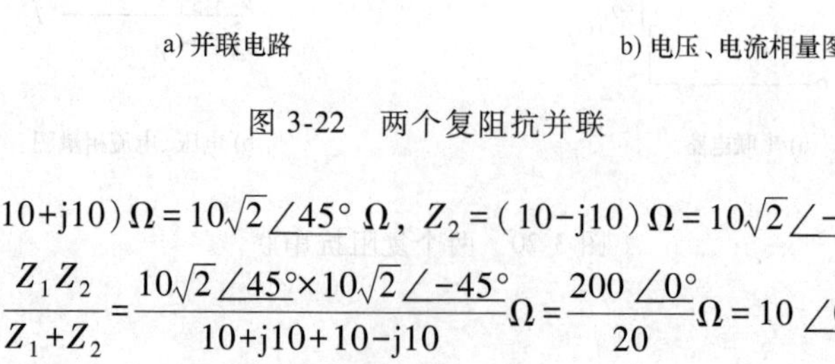

a) 并联电路　　　　b) 电压、电流相量图

图 3-22 两个复阻抗并联

解：（1）$Z_1 = (10+j10)\Omega = 10\sqrt{2}\angle 45°\ \Omega$，$Z_2 = (10-j10)\Omega = 10\sqrt{2}\angle -45°\ \Omega$

$$Z = \frac{Z_1 Z_2}{Z_1 + Z_2} = \frac{10\sqrt{2}\angle 45° \times 10\sqrt{2}\angle -45°}{10+j10+10-j10}\Omega = \frac{200\angle 0°}{20}\Omega = 10\angle 0°\ \Omega$$

（2）
$$\dot{I} = \frac{\dot{U}}{Z} = \frac{220\angle 30°}{10\angle 0°}\text{A} = 22\angle 30°\ \text{A}$$

$$\dot{I}_1 = \frac{\dot{U}}{Z_1} = \frac{220\angle 30°}{10\sqrt{2}\angle 45°}\text{A} = 15.6\angle -15°\ \text{A}$$

$$\dot{I}_2 = \frac{\dot{U}}{Z_2} = \frac{220\angle 30°}{10\sqrt{2}\angle -45°}\text{A} = 15.6\angle 75°\text{ A}$$

电流与电压的相量图如图 3-22b 所示。

例 3-12 已知电路如图 3-23 所示，电路中各元件的复阻抗已经标出，接在 $\dot{U} = 220\angle 0°$ V 的工频电源上，试求：

（1）电路的等效复阻抗 Z；

（2）电流 $\dot{I}$。

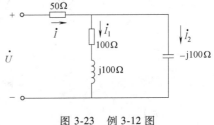

图 3-23　例 3-12 图

解：（1）$Z = 50\Omega + \dfrac{(100+\text{j}100)\times(-\text{j}100)}{100+\text{j}100-\text{j}100}\Omega =$
$(150-\text{j}100)\Omega = 180.3\angle -33.7°\ \Omega$

（2）$\dot{I} = \dfrac{\dot{U}}{Z} = \dfrac{220\angle 0°}{180.3\angle -33.7°}\text{A} = 1.2\angle 33.7°\text{ A}$

3.1.6　正弦交流电路的功率与功率因数

1. 瞬时功率

以正弦交流电路中的一个二端网络为研究对象，设端口电压、电流各为

$$u = \sqrt{2}U\sin(\omega t+\varphi),\ i = \sqrt{2}I\sin\omega t$$

式中，φ 为电压与电流的相位差，它与电压与电流的参考方向有关。当 u、i 的参考方向关联时，瞬时功率 $p = ui$ 应看成是网络接收的功率；当 u、i 的参考方向不关联时，瞬时功率 $p = ui$ 应看成是网络发出的功率。下面以电压、电流参考方向关联为例，计算二端网络接收的瞬时功率 p 为

$$\begin{aligned}p = ui &= \sqrt{2}U\sin(\omega t+\varphi)\times\sqrt{2}I\sin\omega t\\
&= 2UI\sin(\omega t+\varphi)\sin\omega t\\
&= UI\cos\varphi - UI\cos(2\omega t+\varphi)\\
&= UI\cos\varphi - UI(\cos2\omega t\cos\varphi - \sin2\omega t\sin\varphi)\\
&= UI\cos\varphi - UI\cos2\omega t\cos\varphi + UI\sin\varphi\sin2\omega t\\
&= UI\cos\varphi(1-\cos2\omega t) + UI\sin\varphi\sin2\omega t\\
&= p_\text{a} + p_\text{r}\end{aligned}$$

式中，$p_\text{a} = UI\cos\varphi(1-\cos2\omega t)$，这部分功率与电阻元件的瞬时功率相似，是不可逆部分，称为瞬时功率的有功分量；$p_\text{r} = UI\sin\varphi\sin2\omega t$，这部分功率与电感或电容元件的瞬时功率相似，是可逆部分，称为瞬时功率的无功分量；瞬时功率 p、有功分量 p_a 和无功分量 p_r 的波形如图 3-24 所示。

2. 有功功率、无功功率和视在功率

（1）有功功率　有功功率是指瞬时功率的有功分量在一个周期内的平均值，用大写的 P 表示，即

$$P = \frac{1}{T}\int_0^T p_\text{a}\text{d}t = \frac{1}{T}\int_0^T UI\cos\varphi(1-\cos2\omega t)\text{d}t = UI\cos\varphi \tag{3-26}$$

有功功率是表示电路真正吸收或发出电能的平均速率，单位为瓦（W）。多数用电设备

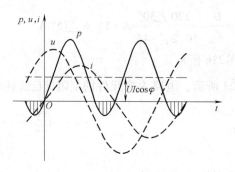

a) 瞬时功率 p

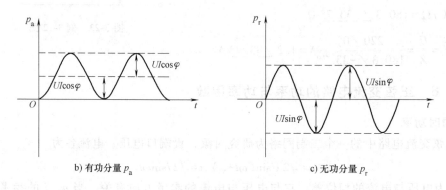

b) 有功分量 p_a c) 无功分量 p_r

图 3-24 功率波形图

的额定功率都标注的是有功功率，如三相异步电动机铭牌上的额定功率是电动机转轴输出的机械功率，也就是电动机输出的有功功率。

在正弦交流电路中，电压和电流均可用相量表示即 $\dot{U}$ 和 $\dot{I}$，如果我们把 $\dot{I}$ 分解为两个分量，一个和电压相量同相即有功分量 $\dot{I}_a$，另一个和电压相量正交即无功分量 $\dot{I}_r$，如图 3-25a 所示，那么电路的有功功率即是电压的有效值和电流有功分量有效值的乘积；同样，我们也可以把电压分解为有功分量 $\dot{U}_a$ 和无功分量 $\dot{U}_r$，有功功率也可以说成是电流的有效值和电压有功分量有效值的乘积。

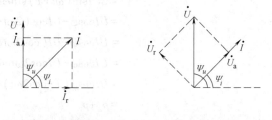

a) 电流相量分解   b) 电压相量分解

图 3-25 电流相量或电压相量的分解

我们根据式（3-26）可以计算电路的有功功率，那么电路的有功功率和电路各组成部分的有功率之间是什么关系呢？可以证明：**电路的总有功功率等于电路中各组成部分的有功功率之和。**

（2）无功功率 无功功率是指瞬时功率的无功分量的最大值，用大写的 Q 表示，即

$$Q = |UI\sin\varphi|$$

当 $\varphi>0$ 时，电路呈感性；当 $\varphi<0$ 时，电路呈容性。为了区分感性和容性无功功率，规定感性无功功率为正，容性无功功率为负，这样我们就可以把无功功率表达式中的绝对值符

号去掉，即

$$Q = UI\sin\varphi \tag{3-27}$$

无功功率是表示电路与外部交换电能的最大速率，单位为乏（Var）。一般无功补偿的电力电容器的额定容量标注为无功功率，例如无功补偿电力电容器的型号为 BSMJS0.4-15-3，它的额定容量为 15kVar。

正弦交流电路的无功功率即是电压的有效值和电流无功分量有效值的乘积；也可说成是电流的有效值和电压无功分量有效值的乘积。

我们根据式（3-27）可以计算电路的无功功率，那么电路的无功功率和电路各组成部分的无功功率之间是什么关系呢？可以证明：**电路的总无功功率等于电路中各组成部分的无功功率之和**。

（3）视在功率　视在功率定义为电压有效值与电流有效值的乘积，用大写的 S 表示，即

$$S = UI \tag{3-28}$$

视在功率的单位为伏安（V·A）。一般变器的额定容量标的都是视在功率，例如三相油浸式矿用电力变压器的型号为 KS11-630kV·A 10kV/0.4，它的额定容量为 630kV·A。

我们根据式（3-28）可以计算电路的视在功率，那么电路的视在功率和电路各组成部分的视在功率之间是什么关系呢？可以证明：**电路的总视在功率不等于电路中各组成部分的视在功功率之和**。

（4）有功功率、无功功率和视在功率的关系　从三个功率的表达式可以得出

$$P = UI\cos\varphi = S\cos\varphi$$
$$Q = UI\sin\varphi = S\sin\varphi$$
$$S = \sqrt{P^2 + Q^2}$$

三者之间也可以用一个三角形来表示，称为功率三角形，如图 3-26 所示。

3. 功率因数

功率因数定义为电路的有功功率和视在功率的比值，用 λ 表示，即

$$\lambda = \frac{P}{S} = \frac{UI\cos\varphi}{UI} = \cos\varphi \tag{3-29}$$

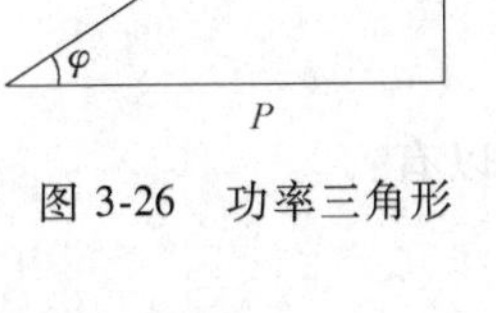

实际电路中，对于电阻性负载（如白炽灯、电炉等）的阻抗角 $\varphi = 0$，所以 $\lambda = 1$，电路的功率因数最大；实际电路中大部分是感性负载（如异步电动机等），其 λ 一般在 0.7~0.85。当 $\lambda \neq 1$ 时，就说明电路中有无功功率，即电源和负载之间就有一部分能量进行交换，而不是完全转换，λ 越低，交换的部分所占的比例就越大，这不是我们所希望的，所以我们要研究如何提高电路的功率因数。

图 3-26　功率三角形

提高功率因数的意义：一是使电源设备的容量得到充分的利用。例如有一台 80kV·A 的变压器，当它所带的负载的功率因数 $\lambda = 0.8$ 时，它传输的有功功率为 64kW；当它所带的负载的功率因数为 $\lambda = 1$ 时，它传输的有功功率为 80kW。二是减小输电线路的损耗。根据 $P = UI\cos\varphi$ 可知，当电路的有功功率 P 和供电电压 U 一定时，功率因数 $\lambda = \cos\varphi$ 越大，电路中的电流 I 越小，线路损耗就越小。

提高功率因数的方法，就是在感性负载的两端并联电容器。电路如图 3-27a 所示，有一

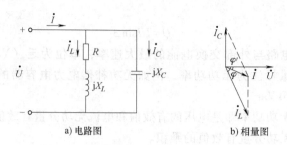

a) 电路图   b) 相量图

图 3-27 感性负载提高功率因数

感性负载接到电压为 U，角频率为 ω 的电源上，负载的有功功率为 P，原功率因数为 $\cos\varphi$，要想把功率因数提高到 $\cos\varphi'$，需确定并联多大的电容。

由于为感性负载，$\cos\varphi' > \cos\varphi$，所以 $\varphi' < \varphi$。由于并联电容前后，感性负载的电流 $\dot{I}_L$ 不变，并联电容后，由于有了电容电流 $\dot{I}_C$，所以线路电流 $\dot{I}$ 发生了变化，即 $\dot{I} = \dot{I}_L + \dot{I}_C$，若以电压为参考相量，即电压的初相位为零，相量图如图 3-27b 所示。

从相量图中不难看出，电容电流

$$I_C = I_L \sin\varphi - I \sin\varphi' \tag{3-30}$$

在并联电容前后，电路的有功功率不变，在并联电容前 $P = UI_L\cos\varphi$，所以有

$$I_L = \frac{P}{U\cos\varphi} \tag{3-31}$$

在并联电容后 $P = UI\cos\varphi'$，所以有

$$I = \frac{P}{U\cos\varphi'} \tag{3-32}$$

将式（3-31）和式（3-32）代入式（3-30）有

$$I_C = \frac{P}{U\cos\varphi}\sin\varphi - \frac{P}{U\cos\varphi'}\sin\varphi' = \frac{P}{U}(\tan\varphi - \tan\varphi')$$

又根据电容元件的伏安关系（欧姆定律）有

$$I_C = \frac{U}{X_C} = U\omega C$$

所以有：

$$C = \frac{I_C}{U\omega} = \frac{P}{U^2\omega}(\tan\varphi - \tan\varphi') \tag{3-33}$$

例 3-13 一个感性负载接在电压为 220V 的工频交流电源上，功率为 7.5kW，功率因数为 0.7，欲将功率因数提高到 0.9，试求所需并联的电容。

解： 由 $\cos\varphi = 0.7$ 可得，$\varphi = 45.6°$

由 $\cos\varphi' = 0.9$ 可得，$\varphi' = 25.8°$

根据式（3-33）有

$$C = \frac{P}{U^2\omega}(\tan\varphi - \tan\varphi') = \frac{7.5 \times 10^3}{220^2 \times 2\pi \times 50}(\tan 45.6° - \tan 25.8°)$$

$$= 266 \times 10^{-6} F$$

$$= 266\mu F$$

3.1.7 正弦交流电路的谐振

在正弦交流电路中，具有电感和电容的无源二端网络，在一定的条件下，形成网络端口电压和电流同相的现象，称为谐振。电路发生谐振时，网络的等效复阻抗的阻抗角为零，或者说网络等效复阻抗的虚部为零，此时电路呈阻性。

RLC 串联电路发生的谐振称为串联谐振；RL 串联与 C 并联发生的谐振称为并联谐振。

1. 串联谐振

（1）串联谐振条件 RLC 串联电路如图 3-28 所示，电路的等效复阻抗 Z 为

$$Z = R + jX_L - jX_C$$
$$= R + j\left(\omega L - \frac{1}{\omega C}\right)$$

复阻抗 Z 的虚部为零时，电路发生谐振，即

$$\omega L - \frac{1}{\omega C} = 0$$

可见，在电源的角频率 ω、电感 L 和电容 C 三者之中，任意调整一个，都可以使电路发生谐振。

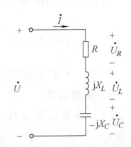

图 3-28 RLC 串联电路

当电路的 L、C 一定时，通过调整电源的频率，可以使电路发生谐振，电路发生谐振时的角频率 ω_0 和频率 f_0 为

$$\omega_0 = \frac{1}{\sqrt{LC}} \tag{3-34}$$

$$f_0 = \frac{1}{2\pi\sqrt{LC}} \tag{3-35}$$

ω_0 和 f_0 也称为电路的固有角频率和固有频率，因为当 L、C 一定时，这两个量就固定下来了，为电路所固有。

（2）串联谐振的特点

1）网络的阻抗 $|Z_0| = \sqrt{R^2 + (X_L - X_C)^2} = R$ 为最小值，电路中的电流 $I = \frac{U}{|Z_0|} = \frac{U}{R}$ 为最大值。

2）由于电路的电压和电流同相，即 $\varphi = 0$，电路呈阻性，电源供给电路的能量全部被电阻所消耗，电源与电路之间不发生能量的交换，能量的交换只发生在电感和电容之间。

3）由于 $X_L = X_C$，所以 $U_L = U_C$，但由于 $\dot{U}_L$ 和 $\dot{U}_C$ 在相位上相反，互相抵消，对整个电路不起作用，因此 $\dot{U} = \dot{U}_R$。当 $X_L = X_C \gg R$ 时，$U_L = U_C \gg U$，所以串联谐振又称为电压谐振。

RLC 串联电路中的 RL 串联实质上是电感线圈的电路模型，U_L 与电阻电压（也就是电源电压）的比值，通常用 Q 表示，即

$$Q = \frac{U_L}{U_R} = \frac{\omega_0 L}{R} \tag{3-36}$$

Q 称为电感线圈的品质因数，也是电压的谐振倍数。电感线圈的品质因数越大，串联谐

振时电感的电压就越大于电阻电压,也就是说串联谐振时电感或电容的电压就越大于端口电压。

串联谐振在无线电工程中应用较多,如收音机的输入回路选台时,用的就是串联谐振的原理。电力工程中一般应避免串联谐振,以免产生过高的电压损坏电气设备。

例 3-14 某收音机的输入回路(RLC 串联电路)中,$L=0.25\text{mH}$,要想使收音机的搜台范围为 $525\sim1640\text{kHz}$,试计算可调电容的变化范围?

解:根据串联谐振的频率公式 $f_0=\dfrac{1}{2\pi\sqrt{LC}}$,可以得出,电容 $C=\dfrac{1}{4\pi^2 f_0^2 L}$

当 $f_0=525\text{kHz}$ 时,$C_1=\dfrac{1}{4\pi^2\times(525\times10^3)^2\times0.25\times10^{-3}}\text{F}=3.68\times10^{-10}\text{F}=368\text{pF}$

当 $f_0=1640\text{kHz}$ 时,$C_1=\dfrac{1}{4\pi^2\times(1640\times10^3)^2\times0.25\times10^{-3}}\text{F}=3.77\times10^{-11}\text{F}=37.7\text{pF}$

所以,可调电容的变化范围为 $37.7\sim368\text{pF}$。

2. 并联谐振

(1) 并联谐振条件 RL 串联与 C 并联的电路如图 3-29 所示,电路的等效复导纳 Y 为

$$Y=Y_{RL}+Y_C$$

$$=\dfrac{1}{R+\text{j}X_L}+\text{j}B_C$$

$$=\dfrac{R-\text{j}\omega L}{R^2+(\omega L)^2}+\text{j}\omega C$$

$$=\dfrac{R}{R^2+(\omega L)^2}+\text{j}\left[\omega C-\dfrac{\omega L}{R^2+(\omega L)^2}\right]$$

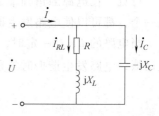

图 3-29 RL 串联与 C 并联电路

复阻抗 Z 或复导纳的虚部为零时,电路发生谐振,即

$$\omega C-\dfrac{\omega L}{R^2+(\omega L)^2}=0 \tag{3-37}$$

可以通过调整 ω、L 或 C 任意一参数使上式成立,即让电路发生谐振。当调节 ω 使电路发生谐振时,角频率用 ω_0 表示,从式 (3-37) 可以得出

$$\omega_0=\sqrt{\dfrac{1}{LC}-\dfrac{R^2}{L^2}} \tag{3-38}$$

当 $\dfrac{1}{LC}>\dfrac{R^2}{L^2}$,即 $\sqrt{\dfrac{L}{C}}>R$ 时,ω_0 为实数,电路才能发生谐振;当 $\dfrac{1}{LC}<\dfrac{R^2}{L^2}$,即 $\sqrt{\dfrac{L}{C}}<R$ 时,ω_0 为虚数,电路不能发生谐振。

当电感线圈的品质因数 Q 很高时,即 $\omega L\gg R$,式 (3-37) 可以近似为

$$\omega C-\dfrac{1}{\omega L}\approx 0$$

由此可得

$$\omega_0\approx\dfrac{1}{\sqrt{LC}}$$

$$f_0 \approx \frac{1}{2\pi\sqrt{LC}}$$

这样，高品质的电感线圈和电容并联构成的电路发生并联谐振时，谐振条件和谐振频率都与电感线圈和电容串联构成的电路发生串联谐振时近似相同。

（2）并联谐振的特点

1）网络的阻抗最大或接近最大。并联谐振时，网络的复导纳为一实数，即

$$Y_0 = \frac{R}{R^2 + (\omega_0 L)^2} \tag{3-39}$$

Y_0 与电容 C 无关，因此，通过调谐电容使电路发生谐振时，$|Y_0|$ 最小，也就是 $|Z_0|$ 最大；但通过调谐频率，使电路发生谐振时，Y_0 与 ω 有关，$|Y_0|$ 并不最小，但接近最小。

根据式（3-37）可得

$$R^2 + (\omega_0 L)^2 = \frac{L}{C}$$

代入式（3-39）可得

$$Y_0 = \frac{RC}{L}$$

$$Z_0 = \frac{L}{RC}$$

从上式可以看出，并联谐振时，电感线圈的电阻越小，网络的阻抗就越大。

2）由于电路中的电压与电流同相，即 $\varphi = 0$，电路呈阻性。

3）谐振时，电感线圈的电流和电容电流可能远大于端口电流。

当电感线圈的品质因数 Q 很高，即 $\omega_0 L \gg R$ 时，由式（3-37）可得：

$$\omega_0 C - \frac{\frac{1}{\omega_0 L}}{\left(\frac{R}{\omega_0 L}\right)^2 + 1} = 0$$

$$\omega_0 C - \frac{1}{\omega_0 L} \approx 0$$

$$\omega_0 L \approx \frac{1}{\omega_0 C}$$

电路发生并联谐振时，等效阻抗 $|Z_0|$ 为

$$|Z_0| = \frac{L}{RC} = \frac{\omega_0 L}{R\omega_0 C} = \frac{\omega_0 L}{R} \times \frac{1}{\omega_0 C} = Q \times \frac{1}{\omega_0 C} \gg \frac{1}{\omega_0 C} (\text{或 } \omega_0 L)$$

网络端口电压有效值为 U，网络的端口电流、电容支路电流和电感支路电流分别为

$$I = \frac{U}{|Z_0|}$$

$$I_C = \frac{U}{\frac{1}{\omega_0 C}}$$

$$I_{RL} = \frac{U}{\sqrt{R^2 + (\omega_0 L)^2}} \approx \frac{U}{\omega_0 L}$$

于是可以得出 $I_{RL} \approx I_C \gg I$，即在并联谐振时，并联支路的电流近似相等，而比端口电流大许多倍，所以并联谐振也称为电流谐振。

例 3-15 $R = 10\Omega$、$L = 100\mu H$ 的线圈和 $C = 100pF$ 的电容器构成并联电路，电源的电流为 $1\mu A$，试求：谐振频率、电路谐振时的等效阻抗、线圈的品质因数、端口电压、线圈电流和电容器电流。

解：谐振频率为

$$f_0 \approx \frac{1}{2\pi\sqrt{LC}} = \frac{1}{2\pi\sqrt{100 \times 10^{-6} \times 100 \times 10^{-12}}} Hz = 1.59 \times 10^6 Hz = 1.59 MHz$$

等效阻抗为

$$|Z_0| = \frac{L}{RC} = \frac{100 \times 10^{-6}}{10 \times 100 \times 10^{-12}} \Omega = 10^5 \Omega = 100 k\Omega$$

线圈的品质因数为

$$Q = \frac{2\pi f_0 L}{R} = \frac{2\pi \times 1.59 \times 10^6 \times 100 \times 10^{-6}}{10} = 99.9$$

端口电压为

$$U = I|Z_0| = 10^{-6} \times 10^5 V = 0.1 V$$

线圈的电流和电容的电流为

$$I_{RL} \approx I_C = \frac{U}{\frac{1}{2\pi f_0 C}} = 0.1 \times 2\pi \times 1.59 \times 10^6 \times 100 \times 10^{-12} A = 99.9 \times 10^{-6} A$$

$$= 99.9 \mu A$$

3.1.8 正弦交流电路的分析方法

电路分析的理论依据为电路的定律和定理，前面我们已经学过了一些电路的定律和定理，而且可以利用这些定律和定理对直流电路进行分析和计算，那么如何利用这些定律和定理对正弦交流电路进行分析和计算呢？

在正弦交流电路的分析与计算中，引入了"相量"和"复阻抗"，即电路中的电压、电流和电动势都用相量表示，电路中每个无源二端网络都用复阻抗表示，电路中的定律和定理也写成相量和复阻抗的形式（简称为相量形式），这样的方法称为相量法。

前面我们已经熟知并应用了"欧姆定律的相量形式"和"基尔霍夫定律的相量形式"，下面我们主要介绍支路电流法、叠加定量、电压源与电流源的等效变换和戴维南定理相量形式应用。

1. 支路电流法相量形式应用

例 3-16 正弦交流电路如图 3-30 所示，已知工频电压源 $\dot{U} = 220\angle 30° V$，其他元件的复阻抗图中已标出，试求各支路电流 $\dot{I}$、$\dot{I}_1$ 和 $\dot{I}_2$。

解：利用支路电流法，对于节点 A，列电流方程有

$$\dot{I} - \dot{I}_1 - \dot{I}_2 = 0$$

对于网孔Ⅰ，列电压方程有

$$220\angle 30° - \dot{I}_1 \times 10 - \dot{I}_1 \times j10 = 0$$

对于网孔Ⅱ，列电压方程有

$$\dot{I}_1 \times j10 + \dot{I}_1 \times 10 - \dot{I}_2 \times (-j5) = 0$$

三个方程联立有

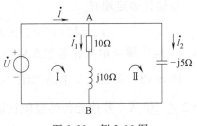

图 3-30 例 3-16 图

$$\begin{cases} \dot{I} - \dot{I}_1 - \dot{I}_2 = 0 \\ 220\angle 30° - \dot{I}_1 \times 10 - \dot{I}_1 \times j10 = 0 \\ \dot{I}_1 \times j10 + \dot{I}_1 \times 10 - \dot{I}_2(-j5) = 0 \end{cases}$$

求解得

$$\begin{cases} \dot{I} = 34.8\angle 101.6° \text{ A} \\ \dot{I}_1 = 15.6\angle -15° \text{ A} \\ \dot{I}_2 = 44\angle 120° \text{ A} \end{cases}$$

2. 叠加定理相量形式应用

例 3-17 正弦交流电路如图 3-31a 所示，已知工频电压源 $\dot{U} = 220\angle 30°$ V，工频电流源 $\dot{I} = 5\angle 60°$ A，其他元件的复阻抗图中已标出，试求电路中的电流 $\dot{I}_1$。

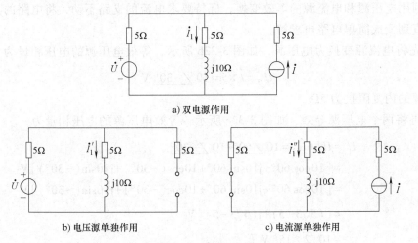

图 3-31 例 3-17 图

解：首先将电流源除源，等效电路如图 3-31b 所示，则有

$$\dot{I}_1' = \frac{\dot{U}}{5+(5+j10)} = \frac{220\angle 30°}{10\sqrt{2}\angle 45°} \text{A} = 15.56\angle -15° \text{ A}$$

再将电压源除源，等效电路如图 3-31c 所示，根据分流公式有

$$\dot{I}_1'' = \dot{I} \times \frac{5}{5+(5+j10)} = \frac{5\angle 60° \times 5}{10\sqrt{2}\angle 45°} \text{A} = 1.77\angle 15° \text{ A}$$

根据叠加定理有

$$\dot{I}_1 = \dot{I}'_1 + \dot{I}''_1 = (15.56\angle{-15°} + 1.77\angle{15°})\text{A} = 17.12\angle{-12°}\text{A}$$

3. 电压源与电流源等效变换相量形式应用

例 3-18 正弦交流电路如图 3-32a 所示，已知工频电压源 $\dot{U}_1 = 10\angle 60°$ V，工频电流源 $\dot{I} = 2\angle{-30°}$ A，其他元件的复阻抗图中已标出，试求电路中的电流 $\dot{I}_1$。

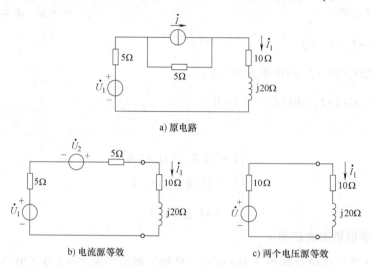

图 3-32　例 3-18 图

解： 利用电压源和电流源的等效变换，保持要求电流的支路不动，将电路的其他部分进行等效，直到变成简单电路再求解。

（1）先将电流源变换为电压源，如图 3-32b 所示，等效电压源的电压相量为

$$\dot{U}_2 = \dot{I} \times 5 = 10\angle{-30°}\text{ V}$$

等效电压源的内复阻抗为 5Ω。

（2）再将两个电压源等效，如图 3-32c 所示，等效电压源的电压相量为

$$\begin{aligned}\dot{U} &= \dot{U}_1 + \dot{U}_2 = 10\angle 60° + 10\angle{-30°}\\ &= [10\cos 60° + j10\sin 60° + 10\cos(-30°) + j10\sin(-30°)]\text{ V}\\ &= [10\cos 60° + j10\sin 60° + 10\cos(-30°) + j10\sin(-30°)]\text{ V}\\ &= [(5\sqrt{3}+5) + j(5\sqrt{3}-5)]\text{ V}\\ &= 10\sqrt{2}\angle 15°\text{ V}\end{aligned}$$

等效电压源的内复阻抗为 10Ω。

在等效的电路中可以求得电流相量 $\dot{I}_1$ 为

$$\dot{I}_1 = \frac{\dot{U}}{10+10+j20} = \frac{10\sqrt{2}\angle 15°}{20\sqrt{2}\angle 45°}\text{A} = 0.5\angle{-30°}\text{A}$$

4. 戴维南定理相量形式应用

例 3-19 正弦交流电路如图 3-33a 所示，已知工频电压源 $\dot{U}_1 = 100\angle 45°$ V，$\dot{U}_2 =$

$100\angle-45°$ V,其他元件的复阻抗图中已标出,试求电路中的电流 $\dot{I}$ 。

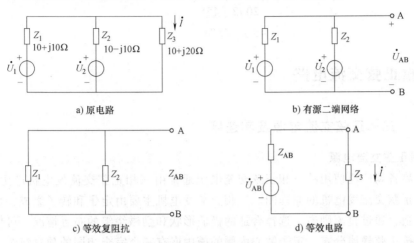

图 3-33 例 3-19 图

解:利用戴维南定理,把要求电流的复阻抗 Z_3 从电路断开,剩下一个有源二端网络,再把这个有源二端网络直接等效成一个电压源,然后再把复阻抗 Z_3 接到这个等效电压源上,在此简单电路上求解电流 $\dot{I}$ 。

(1) 先将复阻抗 Z_3 从电路中断开,剩下一个有源二端网络如图 3-33b 所示,在此电路上求端口电压相量 $\dot{U}_{AB}$,我们可以直接利用叠加原理及串联分压公式得:

$$\dot{U}_{AB} = \dot{U}_1 \times \frac{Z_2}{Z_1+Z_2} + \dot{U}_2 \times \frac{Z_1}{Z_1+Z_2}$$

$$= \left(100\angle 45° \times \frac{10-j10}{10+j10+10-j10} + 100\angle-45° \times \frac{10+j10}{10+j10+10-j10}\right) \text{V}$$

$$= \left(100\angle 45° \times \frac{\sqrt{2}}{2}\angle-45° + 100\angle-45° \times \frac{\sqrt{2}}{2}\angle 45°\right) \text{V}$$

$$= (50\sqrt{2}\angle 0° + 50\sqrt{2}\angle 0°) \text{V}$$

$$= 100\sqrt{2}\angle 0° \text{ V}$$

(2) 将有源二端网络除源,得到的电路如图 3-33c 所示,在此电路上求等效复阻抗 Z_{AB},利用复阻抗的并联等效有

$$Z_{AB} = \frac{Z_1 Z_2}{Z_1+Z_2} = \frac{(10+j10)(10-j10)}{10+j10+10-j10}\Omega$$

$$= \frac{200}{20}\Omega$$

$$= 10\Omega$$

(3) 将有源二端网络等效成一个电压源,如图 3-33d 所示,在此电路中可求得 $\dot{I}$,即

$$\dot{I} = \frac{\dot{U}_{AB}}{Z_{AB}+Z_3} = \frac{100\sqrt{2}\angle 0°}{10+10+j20}\text{A}$$

$$= \frac{100\sqrt{2} \angle 0°}{20\sqrt{2} \angle 45°} A$$

$$= 5 \angle -45° A$$

3.2 三相正弦交流电路

3.2.1 三相正弦交流电源及其连接

1. 三相正弦交流电源

目前世界各国广泛使用的三相正弦交流电源通常由三相正弦交流发电机产生。图3-34a所示为三相正弦交流发电机的原理图。三相交流发电机主要由定子和转子组成，转子铁心上绕有励磁绕组，通过直流励磁。选择合适的极面形状和励磁绕组的布置情况，可使气隙中的磁感应强度按正弦规律分布。定子铁心内侧的槽中嵌有三个完全相同的独立绕组，每个绕组都有两个引出端，如图3-34b所示，分别用 U_1、U_2、V_1、V_2 和 W_1、W_2 来表示，其中 U_1、V_1、W_1 称为首端（或始端），U_2、V_2、W_2 称为尾端（或末端），三相绕组分别称为 U 相绕组、V 相绕组、W 相绕组。三相绕组在空间位置为首端（或尾端）彼此相隔120°。

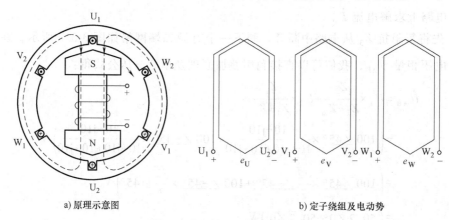

a) 原理示意图　　　　　　　b) 定子绕组及电动势

图 3-34　三相正弦交流发电机

当转子由原动机带动，顺时针以角速度 ω 转动，则每相绕组均产生感应电动势，分别记为 e_U、e_V、e_W，分别称为 U 相电动势、V 相电动势、W 相电动势，三相电动势的频率相同，幅值相等。电动势的参考方向为从绕组的尾端指向首端。由图3-34a图可见，当 S 极的轴线正转到 U_1 处时，U 相电动势达到正的幅值。经过120°，S 极轴线转到 V_1 处时，V 相电动势达到正的幅值。再经过120°，S 极轴线转到 W_1 处时，W 相电动势达到正的幅值。再经过120°，S 极轴线转到 U_1 处时，U 相电动势达到正的幅值，这样不停地循环下去。所以 e_U 在相位上比 e_V 超前120°；e_V 在相位上比 e_W 超前120°；e_W 在相位上又比 e_U 超前120°。这样三相绕组就相当于三个频率相同、幅值相同、相位依次相差120°的三个正弦交流电压源，每相绕组的电压分别用 u_U、u_V、u_W 来表示，称为电源的相电压。相电压的参考方向为从绕组的首端指向尾端，如图3-35所示。

显然，$u_U = e_U$，$u_V = e_V$，$u_W = e_W$。如果取 u_U 为参考正弦量，则有

$$u_U = U_m \sin\omega t = \sqrt{2}U\sin\omega t$$
$$u_V = U_m \sin(\omega t - 120°) = \sqrt{2}U\sin(\omega t - 120°) \quad (3\text{-}40)$$
$$u_W = U_m \sin(\omega t + 120°) = \sqrt{2}U\sin(\omega t + 120°)$$

也可用相量形式表示

$$\dot{U}_U = U\angle 0°$$
$$\dot{U}_V = U\angle -120° \quad (3\text{-}41)$$
$$\dot{U}_W = U\angle 120°$$

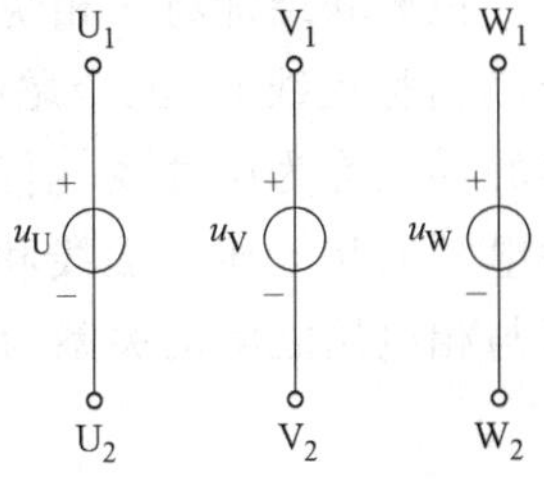

图 3-35 三相电源的相电压

图 3-36a 和图 3-36b 分别为三相电源的电压波形和相量图。

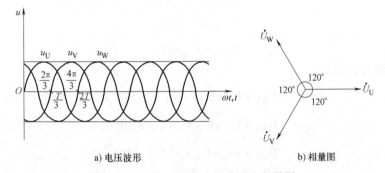

a) 电压波形　　　b) 相量图

图 3-36 三相电源的电压波形和相量图

从图 3-36a 波形图中可以看出，三相电压到达正幅值的顺序是不同的，依次是 u_U、u_V、u_W 即 U-V-W-U 顺序，称为正序；如果三相交流发电机的转子逆时针转动，三相电压到达正幅值的顺序是不同的，依次是 u_U、u_W、u_V 即 U-W-V-U 顺序，称为反序。

三个频率相同、幅值相等、相位依次相差 120° 的正弦电流（电压、电动势）均称为对称三相正弦量。具有对称三相正弦量的三相电源称为对称的三相正弦电源。图 3-34a 所示的三相正弦交流发电机即是对称的三相正弦电压源。

2. 三相正弦交流电源的连接

三相正弦交流电源向负载供电时，并不是每相电源引出两根线和负载相连接，而是按一定方式连接，通常有两种连接方式：一是星形联结（Y 形），如图 3-37a 所示；二是三角形联结（△形），如图 3-37b 所示。

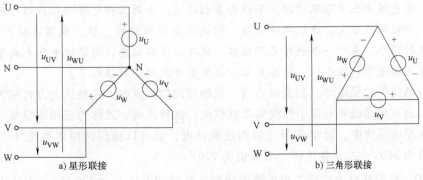

a) 星形联接　　　b) 三角形联接

图 3-37 三相电源的连接方式

星形联结即将三相绕组的尾端连在一起的连接方式。从三个首端引出的三根导线称为端线（俗称火线）。三个尾端连接而成的公共点称为电源中性点，用 N 表示，从电源中性点引出的导线称为中性线（俗称零线）。端线和中性线之间的电压（即电源每相绕组的电压）称为电源的相电压，端线和端线之间的电压称为线电压，分别用 u_{UV}、u_{VW}、u_{WU} 表示，线电压与相电压之间的关系为：

$$\begin{aligned} u_{UV} &= u_U - u_V \\ u_{VW} &= u_V - u_W \\ u_{WU} &= u_W - u_U \end{aligned} \tag{3-42}$$

也可写成相量形式

$$\begin{aligned} \dot{U}_{UV} &= \dot{U}_U - \dot{U}_V \\ \dot{U}_{VW} &= \dot{U}_V - \dot{U}_W \\ \dot{U}_{WU} &= \dot{U}_W - \dot{U}_U \end{aligned}$$

当三相电源对称时有

$$\begin{aligned} \dot{U}_{UV} &= \dot{U}_U - \dot{U}_V = \sqrt{3}\,\dot{U}_U \angle 30° \\ \dot{U}_{VW} &= \dot{U}_V - \dot{U}_W = \sqrt{3}\,\dot{U}_V \angle 30° \\ \dot{U}_{WU} &= \dot{U}_W - \dot{U}_U = \sqrt{3}\,\dot{U}_W \angle 30° \end{aligned} \tag{3-43}$$

相量图如图 3-38 所示，从图中可以看出，当三相对称正弦电压源为星形联结时，如果相电压对称，线电压也对称，线电压有效值为相电压有效值的$\sqrt{3}$倍，相位上，线电压比对应相电压超前30°。

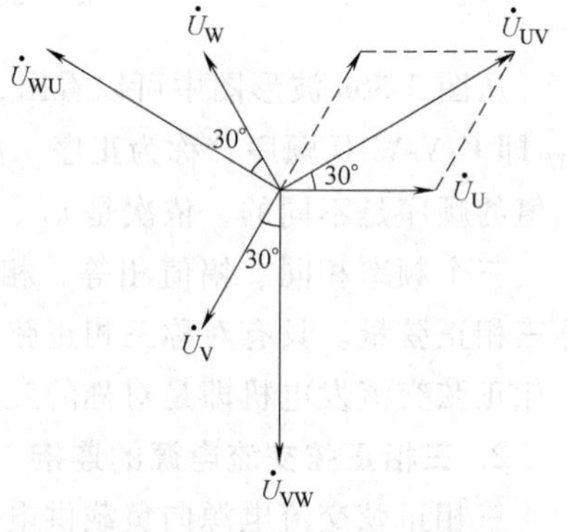

图 3-38　相电压与线电压的相量图

三角形联结即将三相绕组的首端和尾端依次连接，构成一个封闭的三角形，然后从三个连接点引出三根端线，向外供电的方式。从图 3-37b 可以看出，当三相电源为三角形联结时，电源线电压等于对应的相电压，即

$$\begin{aligned} u_{UV} &= u_U \\ u_{VW} &= u_V \\ u_{WU} &= u_W \end{aligned} \tag{3-44}$$

注意：当电源为三角形联结时，不能将某相接反，否则三相电源回路内的电压达到相电压的 2 倍，导致电流过大，烧坏电源绕组，因此三角形联结时，首、尾端连接点共有三个，先连接其中的两个，另外一个连接点不连接，使之成开口状态，用交流电压表测量其开口电压，如果电压接近零或很小，再闭合开口，否则要查找哪一相接反了。

三相电源向负载供电时，如果只引出三根端线向负载供电，这种供电方式称为三相三线制；如果引出三根端线和一根中性线向负载供电，这种供电方式称为三相四线制。

在低压配电系统中，通常采用三相四线制供电，它可以提供两组对称电压：一是线电压，有效值为 380V；二是相电压，有效值为 220V。

例 3-20　星形联结的对称三相正弦电压源，已知相电压 $u_U = 220\sqrt{2}\sin(100\pi t - 30°)$ V，

试写出相电压 u_V、u_W 及线电压 u_{UV}、u_{VW}、u_{WU} 的解析式。

解：默认电源相序为正序，由于三相电源对称则有

$$u_V = 220\sqrt{2}\sin(100\pi t - 150°)\text{ V}$$

$$u_W = 220\sqrt{2}\sin(100\pi t + 90°)\text{ V}$$

$$u_{UV} = 380\sqrt{2}\sin(100\pi t)\text{ V}$$

$$u_{VW} = 380\sqrt{2}\sin(100\pi t - 120°)\text{ V}$$

$$u_{WU} = 380\sqrt{2}\sin(100\pi t + 120°)\text{ V}$$

3.2.2 三相负载及其连接

1. 三相负载

需要由三相电源供电的负载称为三相负载。常见的三相负载有三相电动机、三相电炉等。另外，由多个单相负载（需单相电源供电的负载）按一定的方式连接，也能构成三相负载。如住宅楼的每一个住户家的负载都是单相负载，但对于整栋居民楼而言就是一个三相负载，这个三相负载可以看成是由各个住户的单相负载按星形联结方式构成的。

在正弦交流电路中，负载可以等效成复阻抗，三相负载就是由三个复阻抗组成，如果三相负载的三个复阻抗相等，则称此三相负载为对称三相负载，如三相电动机、三相电炉等；如果三相负载的三个复阻抗不相等，则称此三相负载为不对称三相负载，如一栋住宅楼可以看成的三相负载。

2. 三相负载的连接

三相负载的三个等效复阻抗按一定方式连接才构成三相负载，三个等效复阻抗的连接方式有两种：一是星形（Y）联结，如图3-39a所示；二是三角形（△）联结如图3-39b所示。星形联结时，三个复阻抗的连接点称为负载的中性点，用 N′ 来表示。

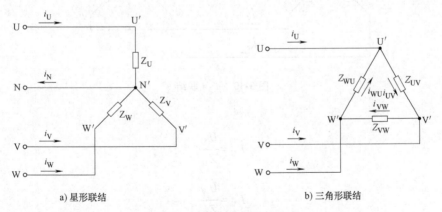

a) 星形联结　　　　　　　　b) 三角形联结

图3-39　三相负载的连接方式

由于三相电源和三相负载均有两种连接方式，它们可以组成Y-Y，Y-△，△-Y 和 △-△ 四种接法。其中，Y-△、△-Y 和 △-△ 三种接法只能采用三相三线制供电；对于Y-Y接法，当三相负载对称时，采用三相三线制供电；当三相负载不对称时，必须采用三相四线制供电。正常情况下，电源是对称的，负载则可能对称，也可能不对称。

当三相电源的连接方式及额定电压（指线电压）一定时，三相负载应是Y联结还是△联

结是由三相负载中每相负载的额定电压来决定的。例如三相电源丫联结，额定电压380V，三相负载每相负载的额定电压为220V，此时三相负载只能为丫联结；如果三相负载每相负载的额定电压为380V，此时三相负载只能为△联结。

在三相电源和三相负载连接形成的三相电路中，流过端线、中性线和每相负载的电流又如何称呼呢？规定流过端线的电流称为线电流，电流的参考方向是从电源指向负载，如图3-39a和图3-39b中的 i_U、i_V 和 i_W；流过中性线的电流称为中性线电流，电流的参考方向是从负载指向电源，如图3-39a中的 i_N；流过每相负载的电流称为相电流。在图3-39a中，Z_U 相负载的相电流即为 i_U，Z_V 相负载的相电流即为 i_V，Z_W 相负载的相电流即为 i_W，也就是说，丫联结三相负载的相电流等于对应的线电流；在图3-39b中 Z_{UV} 相的相电流即为 i_{UV}，Z_{VW} 相的相电流即为 i_{VW}，Z_{WU} 相的相电流即为 i_{WU}，显然△联结的三相负载的相电流并不等于线电流，线电流和相电流的关系为

$$i_U = i_{UV} - i_{WU}$$
$$i_V = i_{VW} - i_{UV}$$
$$i_W = i_{WU} - i_{VW}$$
(3-45)

在低压配电系统中，配电变压器的二次侧通常为丫联结，当三相负载为丫联结时，三相电源与三相负载的连接如图3-40所示，根据相量形式的欧姆定律和基尔霍夫电流定律可以得出相电流（线电流）和中性线电流如下：

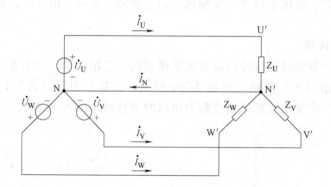

图3-40　丫-丫联结

$$\dot{I}_U = \frac{\dot{U}_U}{Z_U}$$
$$\dot{I}_V = \frac{\dot{U}_V}{Z_V}$$
$$\dot{I}_W = \frac{\dot{U}_W}{Z_W}$$
$$\dot{I}_N = \dot{I}_U + \dot{I}_V + \dot{I}_W$$
(3-46)

当负载对称时，即 $Z_U = Z_V = Z_W = Z = |Z| \angle \varphi$ 则有

$$\dot{I}_U = \frac{\dot{U}_U}{Z_U} = \frac{\dot{U}_U}{Z} = \frac{1}{|Z|}\dot{U}_U \times \angle -\varphi$$

$$\dot{I}_V = \frac{\dot{U}_V}{Z_V} = \frac{\dot{U}_V}{Z} = \frac{1}{|Z|}\dot{U}_V \times \angle -\varphi \quad (3-47)$$

$$\dot{I}_W = \frac{\dot{U}_W}{Z_W} = \frac{\dot{U}_W}{Z} = \frac{1}{|Z|}\dot{U}_W \times \angle -\varphi$$

$$\dot{I}_N = \dot{I}_U + \dot{I}_V + \dot{I}_W = 0$$

可见，当负载对称时，线电流（相电流）对称，中性线电流为零，因此中性线可以去掉，即对称负载Y联结时，采用三相三线制供电。

当三相负载为△联结时，三相电源与三相负载的连接如图 3-41 所示，根据相量形式的欧姆定律和基尔霍夫电流定律可以得出相电流和线电流如下：

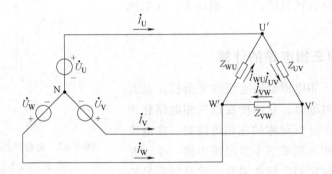

图 3-41　Y-△联结

$$\dot{I}_{UV} = \frac{\dot{U}_{UV}}{Z_{UV}}$$

$$\dot{I}_{VW} = \frac{\dot{U}_{VW}}{Z_{VW}}$$

$$\dot{I}_{WU} = \frac{\dot{U}_{WU}}{Z_{WU}} \quad (3-48)$$

$$\dot{I}_U = \dot{I}_{UV} - \dot{I}_{WU}$$

$$\dot{I}_V = \dot{I}_{VW} - \dot{I}_{UV}$$

$$\dot{I}_W = \dot{I}_{WU} - \dot{I}_{VW}$$

当负载对称时，即 $Z_{UV} = Z_{VW} = Z_{WU} = Z = |Z|\angle \varphi$，则有

$$\dot{I}_{UV} = \frac{\dot{U}_{UV}}{Z_{UV}} = \frac{\dot{U}_{UV}}{Z} = \frac{1}{|Z|}\dot{U}_{UV} \times \angle{-\varphi}$$

$$\dot{I}_{VW} = \frac{\dot{U}_{VW}}{Z_{VW}} = \frac{\dot{U}_{VW}}{Z} = \frac{1}{|Z|}\dot{U}_{VW} \times \angle{-\varphi}$$

$$\dot{I}_{WU} = \frac{\dot{U}_{WU}}{Z_{WU}} = \frac{\dot{U}_{WU}}{Z} = \frac{1}{|Z|}\dot{U}_{WU} \times \angle{-\varphi} \quad (3\text{-}49)$$

$$\dot{I}_U = \dot{I}_{UV} - \dot{I}_{WU} = \sqrt{3}\dot{I}_{UV}\angle{-30°}$$

$$\dot{I}_V = \dot{I}_{VW} - \dot{I}_{UV} = \sqrt{3}\dot{I}_{VW}\angle{-30°}$$

$$\dot{I}_W = \dot{I}_{WU} - \dot{I}_{VW} = \sqrt{3}\dot{I}_{WU}\angle{-30°}$$

相量图如图 3-42 所示。

可见，当负载对称时，线电流和相电流对称，线电流有效值为相电流有效值的 $\sqrt{3}$ 倍，相位上，线电流滞后对应相电流 30°。

3.2.3 对称三相电路的计算

正常情况下，三相电源及输电线的复阻抗应是对称的，当三相负载对称时，它们所在的三相电路称为对称的三相电路。在分析对称的三相电路时，在电源侧，如果知道三个相电压或三个线电压中的一个，并知道相序，那么根据它们之间的关系，就可知道另外五个；在负载侧，无论负载为Y联结还是△联结，线电流和负载的相电流均是对称的，线电流和相电流之间存在着对应的关系，这样在求得三个相电流和三个线电流中的一个后，就可知道另外五个。这样就可以将三相电路的计算，转化为单相电路的计算。

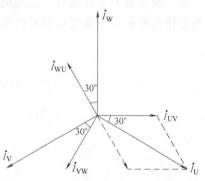

图 3-42 对称三相负载△联结相电流与线电流相量图

注意：当三相对称负载为Y联结时，中性线的有和无是一样的，每相负载两端的电压即为电源的相电压。

例 3-21 一对称三相负载，Y联结，每相负载的复阻抗 $Z = (8+j6)\Omega$，接在线电压为 380V 的对称三相正弦电压源上，相序为正，如图 3-43 所示，试求三相负载的各相电流和线电流。

解：由于三相电路对称，只取一相计算，取电源的 U 相电压为参考相量有

$$\dot{U}_U = 220\angle{0°}\text{ V}$$

由于负载为Y联结，线电流和相电流相等，所以 U 相负载的相电流（线电流）为

$$\dot{I}_U = \frac{\dot{U}_U}{Z} = \frac{220\angle{0°}}{8+j6}\text{A} = \frac{220\angle{0°}}{10\angle{36.9°}}\text{A} = 22\angle{-36.9°}\text{A}$$

根据电流的对称性可以得出 V 相和 W 相负载的相电

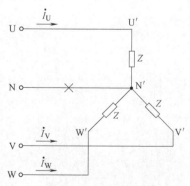

图 3-43 例 3-21 图

流（线电流）为：

$$\dot{I}_V = 22\angle{-156.9°} \text{ A}$$

$$\dot{I}_W = 22\angle{83.1°} \text{ A}$$

例 3-22 一对称三相负载，△联结，每相负载的复阻抗 $Z = 20\angle{60°}$ Ω，接在线电压为 380V 的对称三相正弦电压源上，相序为正，如图 3-44 所示，试求三相负载的各相电流和线电流。

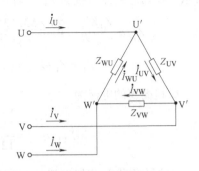

图 3-44 例 3-22 图

解：由于三相电路对称，只取一相计算，取电源线电压 $\dot{U}_{UV}$ 为参考相量有

$$\dot{U}_{UV} = 380\angle{0°} \text{ V}$$

Z_{UV} 相的相电流为

$$\dot{I}_{UV} = \frac{\dot{U}_{UV}}{Z} = \frac{380\angle{0°}}{20\angle{60°}} \text{ A} = 19\angle{-60°} \text{ A}$$

根据对称性可以得出

$$\dot{I}_{VW} = 19\angle{-180°} \text{ A}$$

$$\dot{I}_{WU} = 19\angle{60°} \text{ A}$$

根据线电流和相电流的关系可以得出

$$\dot{I}_U = \sqrt{3}\dot{I}_{UV}\angle{-30°} = 19\sqrt{3}\angle{-90°} \text{ A}$$

$$\dot{I}_V = \sqrt{3}\dot{I}_{VW}\angle{-30°} = 19\sqrt{3}\angle{150°} \text{ A}$$

$$\dot{I}_W = \sqrt{3}\dot{I}_{WU}\angle{-30°} = 19\sqrt{3}\angle{30°} \text{ A}$$

例 3-23 线电压为 380V 的对称三相正弦电压源，相序为正，对两组对称负载供电，如图 3-45a 所示，Y联结三相负载每相复阻抗 $Z_1 = (12+j16)$ Ω，△联结三相负载每相复阻抗 $Z_2 = (48+j36)$ Ω，每根端线的复阻抗 $Z_L = (1+j2)$ Ω。试求端线电流、每组三相负载的线电流和相电流。

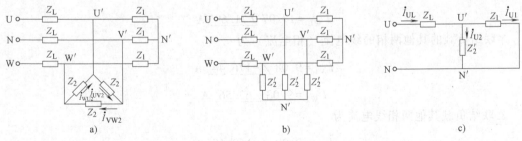

图 3-45 例 3-23 图

解：取电源 U 相电压为参考正弦量，则有

$$\dot{U}_U = 220\angle{0°} \text{ V}$$

把△联结三相负载等效为Y联结三相负载如图 3-45b 所示，每相负载的复阻抗为

$$Z_2' = \frac{Z_2}{3} = (16+j12)\Omega = 20\underline{/36.87°}\,\Omega$$

由于三相负载及端线的复阻抗均是对称的,所以只取一相即 U 相计算,电路如图 3-45c 所示,U 相总的复阻抗为 Z_U,则有

$$Z_{12} = \frac{Z_1 Z_2'}{Z_1 + Z_2'} = \frac{20\underline{/53.13°} \times 20\underline{/36.87°}}{12+j16+16+j12}\Omega = 10.1\underline{/45°}\,\Omega = (7.14+j7.14)\Omega$$

$$Z_U = Z_L + Z_{12} = (1+j2+7.14+j7.14)\Omega = 12.24\underline{/48.31°}\,\Omega$$

U 相端线的电流为

$$\dot{I}_{UL} = \frac{\dot{U}_U}{Z_U} = \frac{220\underline{/0°}}{12.24\underline{/48.31°}}\text{A} = 17.97\underline{/-48.31°}\,\text{A}$$

Y 联结负载 U 相线电流(相电流)为

$$\dot{U}_{U'N'} = Z_{12}\dot{I}_{UL} = 10.1\underline{/45°} \times 17.97\underline{/-48.31°}\,\text{V} = 181.5\underline{/-3.31°}\,\text{V}$$

$$\dot{I}_{U1} = \frac{\dot{U}_{U'N'}}{Z_1} = \frac{181.5\underline{/-3.31°}}{20\underline{/53.13°}}\text{A} = 9.08\underline{/-56.44°}\,\text{A}$$

△联结负载 U 相线电流为

$$\dot{I}_{U2} = \frac{\dot{U}_{U'N'}}{Z_2'} = \frac{181.5\underline{/-3.31°}}{20\underline{/36.87°}}\text{A} = 9.08\underline{/-40.18°}\,\text{A}$$

△联结负载一相相电流为

$$\dot{I}_{UV2} = \frac{1}{\sqrt{3}}\dot{I}_{U2}\underline{/30°} = \frac{1}{\sqrt{3}} \times 9.08\underline{/-40.18°} \times \underline{/30°}\,\text{A} = 5.24\underline{/-10.18°}\,\text{A}$$

其他各电流可按对称性推出。
V 相和 W 相端线的电流为

$$\dot{I}_{VL} = 17.97\underline{/-168.31°}\,\text{A}$$

$$\dot{I}_{WL} = 17.97\underline{/71.69°}\,\text{A}$$

Y 联结负载的其他两相的线电流(相电流)为

$$\dot{I}_{V1} = 9.08\underline{/-176.44°}\,\text{A}$$

$$\dot{I}_{W1} = 9.08\underline{/63.56°}\,\text{A}$$

△联结负载其他两相线电流为

$$\dot{I}_{V2} = 9.08\underline{/-160.18°}\,\text{A}$$

$$\dot{I}_{W2} = 9.08\underline{/79.82°}\,\text{A}$$

△联结负载其他两相的相电流为

$$\dot{I}_{VW2} = 5.24\underline{/-130.18°}\,\text{A}$$

$$\dot{I}_{WU2} = 5.24\underline{/109.82°}\,\text{A}$$

3.2.4 不对称三相电路的计算

当三相电源、输电线复阻抗和三相负载中存在着不对称时，则对应的三相电路就为不对称三相电路。常见的不对称三相电路通常是三相电源、输电线复阻抗对称，而三相负载不对称。

在分析不对称三相电路时，在电源侧，如果知道三个相电压或三个线电压中的一个，并知道相序，根据它们之间的关系，就可知道另外五个；而在负载侧，无论负载为丫联结还是△联结，线电流和负载的相电流均是不对称的，线电流和相电流之间不存在着对称电路的那种对应关系，这样在求三个相电流和三个线电流时，就需一个一个地求，和对称三相电路相比，较为复杂。

例 3-24 一个三相负载的负阻抗分别为 $Z_U = 11\angle 30°\Omega$，$Z_V = 11\angle 30°\Omega$，$Z_W = 22\angle 0°\Omega$，接在线电压为 380V 的对称三相正弦电压源上，电源相序为正，如图 3-46a 所示。求：

(1) 各相负载的相电流和线电流；(2) 当中性线由于某种原因断开时，各相负载的相电压及相电流。

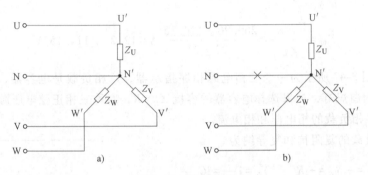

图 3-46 例 3-24 图

解：(1) 取 $\dot{U}_U$ 为参考相量，则有

$$\dot{U}_U = 220\angle 0°\text{ V},\quad \dot{U}_V = 220\angle -120°\text{ V},\quad \dot{U}_W = 220\angle 120°\text{ V}$$

各相负载的相电流（线电流）分别为

$$\dot{I}_U = \frac{\dot{U}_U}{Z_U} = \frac{220\angle 0°}{11\angle 30°}\text{A} = 20\angle -30°\text{ A}$$

$$\dot{I}_V = \frac{\dot{U}_V}{Z_U} = \frac{220\angle -120°}{11\angle 30°}\text{A} = 20\angle -150°\text{ A}$$

$$\dot{I}_W = \frac{\dot{U}_W}{Z_W} = \frac{220\angle 120°}{22\angle 0°}\text{A} = 10\angle 120°\text{ A}$$

(2) 当中性线断开时，如图 3-46b 所示。利用弥尔曼定理先求 $\dot{U}_{N'N}$

$$\dot{U}_{N'N} = \frac{\dfrac{\dot{U}_U}{Z_U}+\dfrac{\dot{U}_V}{Z_V}+\dfrac{\dot{U}_W}{Z_W}}{\dfrac{1}{Z_U}+\dfrac{1}{Z_V}+\dfrac{1}{Z_W}} = \frac{\dfrac{220\angle 0°}{11\angle 30°}+\dfrac{220\angle -120°}{11\angle 30°}+\dfrac{220\angle 120°}{22\angle 0°}}{\dfrac{1}{11\angle 30°}+\dfrac{1}{11\angle 30°}+\dfrac{1}{22\angle 0°}}\text{V}$$

$$= 55.81\angle -89.54°\text{ V}$$

$$= (0.45 - j55.81)\text{ V}$$

根据基尔霍夫电压定律,每相负载的相电压为

$$\dot{U}_{U'N'} = \dot{U}_U - \dot{U}_{N'N} = (220-0.45+j55.81)\text{V} = 226.53\angle 14.26°\text{V}$$

$$\dot{U}_{V'N'} = \dot{U}_V - \dot{U}_{N'N} = (-110-j110\sqrt{3}-0.45+j55.81)\text{V} = 174.21\angle -129.35°\text{V}$$

$$\dot{U}_{W'N'} = \dot{U}_W - \dot{U}_{N'N} = (-110+j110\sqrt{3}-0.45+j55.81)\text{V} = 269.96\angle 114.15°\text{V}$$

根据相量形式的欧姆定律,每相负载的相电流为

$$\dot{I}_U = \frac{\dot{U}_{U'N'}}{Z_U} = \frac{226.53\angle 14.26°}{11\angle 30°}\text{A} = 20.59\angle -15.74°\text{A}$$

$$\dot{I}_V = \frac{\dot{U}_{V'N'}}{Z_V} = \frac{174.21\angle -129.35°}{11\angle 30°}\text{A} = 15.84\angle -159.35°\text{A}$$

$$\dot{I}_W = \frac{\dot{U}_{W'N'}}{Z_W} = \frac{269.96\angle 114.15°}{22\angle 0°}\text{A} = 12.27\angle 114.15°\text{A}$$

例 3-25 图 3-47 所示为一个三相电源相序指示器,U 相负载是电容器,V、W 相负载为同样阻值 R 的白炽灯,如果选择电容器的容抗 $X_C = R$,对称三相正弦电压源的相电压有效值为 U,试求各相负载的相电压和相电流。

解: 各相负载的复阻抗和复导纳为

$$Z_U = -jX_C = -jR \qquad Y_U = j\frac{1}{R} = jG$$

$$Z_V = R \qquad Y_V = \frac{1}{R} = G$$

$$Z_W = R \qquad Y_W = \frac{1}{R} = G$$

电源的相电压 $\dot{U}_V$ 和 $\dot{U}_W$ 用 $\dot{U}_U$ 表示有

$$\dot{U}_V = \dot{U}_U \angle -120° = (-0.5-j0.866)\dot{U}_U$$

$$\dot{U}_W = \dot{U}_U \angle 120° = (-0.5+j0.866)\dot{U}_U$$

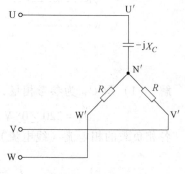

图 3-47 例 3-25 图

根据弥尔曼定理,$\dot{U}_{N'N}$ 为

$$\dot{U}_{N'N} = \frac{\dot{U}_U Y_U + \dot{U}_V Y_V + \dot{U}_W Y_W}{Y_U + Y_V + Y_W} = \frac{\dot{U}_U jG + \dot{U}_V G + \dot{U}_W G}{jG+G+G}$$

$$= \frac{\dot{U}_U(-G+jG)}{2G+jG} = \dot{U}_U \frac{-1+j}{2+j} = \dot{U}_U \times 0.632\angle 108.4°$$

$$= \dot{U}_U \times (-0.2+j0.6)$$

各相负载的相电压为

$$\dot{U}_{U'N'} = \dot{U}_U - \dot{U}_{N'N} = (1.2-j0.6)\dot{U}_U = \dot{U}_U \times 1.34\angle -26.6°$$

$$\dot{U}_{V'N'} = \dot{U}_V - \dot{U}_{N'N} = (-0.5-j0.866)\dot{U}_U - (-0.2+j0.6)\dot{U}_U$$

$$= (-0.3-j1.466)\dot{U}_U$$

$$= \dot{U}_U \times 1.5 \angle -101.6°$$

$$\dot{U}_{W'N'} = \dot{U}_W - \dot{U}_{N'N} = (-0.5+j0.866)\dot{U}_U - (-0.2+j0.6)\dot{U}_U$$

$$= (-0.3+j0.266)\dot{U}_U$$

$$= \dot{U}_U \times 0.4 \angle 138°$$

各相负载的相电流为

$$\dot{I}_U = \frac{\dot{U}_{U'N'}}{Z_U} = \frac{\dot{U}_U \times 1.34 \angle -26.6°}{jR} = \dot{U}_U G \times 1.34 \angle 63.4°$$

$$\dot{I}_V = \frac{\dot{U}_{V'N'}}{Z_V} = \frac{\dot{U}_U \times 1.5 \angle -101.6°}{R} = \dot{U}_U G \times 1.5 \angle -101.6°$$

$$\dot{I}_W = \frac{\dot{U}_{W'N'}}{Z_W} = \frac{\dot{U}_U \times 0.4 \angle 138°}{R} = \dot{U}_U G \times 0.4 \angle -138°$$

从本例题可以看出，U 相所接电容器电压的有效值为电源相电压有效值的 1.34 倍；V 相所接白炽灯的电压有效值为电源相电压有效值的 1.5 倍；W 相所接白炽灯的电压有效值为电源相电压有效值的 0.4 倍。如果我们事先不知道电源相序时，将相序指示器接入三相电源，假定电容接电源的 U 相，那么白炽灯较亮的那一个所接的是电源的 V 相，白炽灯较暗的那一个所接的是电源的 W 相。

例 3-26 线电压为 380V 的对称三相正弦电压源，给一三相电炉供电，三相负载的复阻抗分别为 $R_{UV}=20\Omega$，$R_{VW}=20\Omega$，$R_{WU}=19\Omega$，电路如图 3-48 所示。

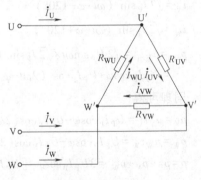

图 3-48 例 3-26 图

(1) 求各相负载的相电流和线电流；

(2) 当 R_{UV} 烧断时，是否影响其他两相的正常工作。

解：(1) 取 $\dot{U}_{UV}$ 为参考相量，有

$$\dot{U}_{UV} = 380 \angle 0° \text{V}, \quad \dot{U}_{VW} = 380 \angle -120° \text{V}, \quad \dot{U}_{WU} = 380 \angle 120° \text{V}$$

各相负载的相电流为

$$\dot{I}_{UV} = \frac{\dot{U}_{UV}}{R_{UV}} = \frac{380 \angle 0°}{20} \text{A} = 19 \angle 0° \text{A}$$

$$\dot{I}_{VW} = \frac{\dot{U}_{VW}}{R_{VW}} = \frac{380 \angle -120°}{20} \text{A} = 19 \angle -120° \text{A}$$

$$\dot{I}_{\mathrm{WU}} = \frac{\dot{U}_{\mathrm{WU}}}{R_{\mathrm{WU}}} = \frac{380\angle 120°}{19}\mathrm{A} = 20\angle 120°\mathrm{A}$$

各相负载的线电流为

$$\dot{I}_{\mathrm{U}} = \dot{I}_{\mathrm{UV}} - \dot{I}_{\mathrm{WU}} = [19-(-10+\mathrm{j}10\sqrt{3})]\mathrm{A} = 33.78\angle -30.85°\mathrm{A}$$

$$\dot{I}_{\mathrm{V}} = \dot{I}_{\mathrm{VW}} - \dot{I}_{\mathrm{UV}} = [(-9.5-\mathrm{j}9.5\sqrt{3})-19]\mathrm{A} = 32.91\angle -150°\mathrm{A}$$

$$\dot{I}_{\mathrm{W}} = \dot{I}_{\mathrm{WU}} - \dot{I}_{\mathrm{VW}} = [(-10+\mathrm{j}10\sqrt{3})-(-9.5-\mathrm{j}9.5\sqrt{3})]\mathrm{A} = 33.78\angle 90.85°\mathrm{A}$$

(2) 当 R_{UV} 烧断时，不会影响其他两相负载的工作，因为其他两相负载的相电压不变。

3.2.5 三相电路的功率

1. 三相电路的瞬时功率

三相电路的瞬时功率等于各相瞬时功率之和。以Y联结（如果是△联结可以等效为Y联结）三相负载为例，如图 3-49 所示，当三相电路对称时有

$u_{\mathrm{U}} = \sqrt{2}U_{\mathrm{P}}\sin\omega t$ （以此电压为参考正弦量）

$u_{\mathrm{V}} = \sqrt{2}U_{\mathrm{P}}\sin(\omega t-120°)$

$u_{\mathrm{W}} = \sqrt{2}U_{\mathrm{P}}\sin(\omega t+120°)$

$i_{\mathrm{U}} = \sqrt{2}I_{\mathrm{P}}\sin(\omega t-\varphi)$ （φ 为阻抗角）

$i_{\mathrm{V}} = \sqrt{2}I_{\mathrm{P}}\sin(\omega t-\varphi-120°)$

$i_{\mathrm{W}} = \sqrt{2}I_{\mathrm{P}}\sin(\omega t-\varphi+120°)$

$p_{\mathrm{U}} = u_{\mathrm{U}}i_{\mathrm{U}} = \sqrt{2}U_{\mathrm{P}}\sin\omega t \times \sqrt{2}I_{\mathrm{P}}\sin(\omega t-\varphi)$
$= U_{\mathrm{P}}I_{\mathrm{P}}\cos\varphi - U_{\mathrm{P}}I_{\mathrm{P}}\cos(2\omega t-\varphi)$

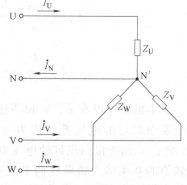

图 3-49 Y联结三相负载

同理可得

$p_{\mathrm{V}} = u_{\mathrm{V}}i_{\mathrm{V}} = U_{\mathrm{P}}I_{\mathrm{P}}\cos\varphi - U_{\mathrm{P}}I_{\mathrm{P}}\cos(2\omega t-\varphi+120°)$

$p_{\mathrm{W}} = u_{\mathrm{W}}i_{\mathrm{W}} = U_{\mathrm{P}}I_{\mathrm{P}}\cos\varphi - U_{\mathrm{P}}I_{\mathrm{P}}\cos(2\omega t-\varphi-120°)$

$p = p_{\mathrm{U}}+p_{\mathrm{V}}+p_{\mathrm{W}} = 3U_{\mathrm{P}}I_{\mathrm{P}}\cos\varphi - [U_{\mathrm{P}}I_{\mathrm{P}}\cos(2\omega t-\varphi) +$
$\qquad U_{\mathrm{P}}I_{\mathrm{P}}\cos(2\omega t-\varphi+120°) + U_{\mathrm{P}}I_{\mathrm{P}}\cos(2\omega t-\varphi-120°)]$
$= 3U_{\mathrm{P}}I_{\mathrm{P}}\cos\varphi$
$= P$

式中，U_{P}、I_{P} 为相电压、相电流的有效值。可见，对称三相电路中，瞬时功率就等于有功功率，它是一个常数，不随时间而变化，这是对称三相电路的特点。

2. 有功功率、无功功率和视在功率

在三相电路中，无论三相负载是Y联结还是△联结，三相负载的有功功率（P）等于各相负载的有功功率之和；三相负载的无功功率（Q）等于各相负载的无功功率之和；视在功率（S）不等于各相视在功率之和，而是等于有功率的平方与无功功率的平方和的开方。

以Y联结（如果是△联结可以等效为Y联结）为例，如图 3-49 所示，则有

$$P = P_{\mathrm{U}}+P_{\mathrm{V}}+P_{\mathrm{W}} = U_{\mathrm{U}}I_{\mathrm{U}}\cos\varphi_{\mathrm{U}}+U_{\mathrm{V}}I_{\mathrm{V}}\cos\varphi_{\mathrm{V}}+U_{\mathrm{W}}I_{\mathrm{W}}\cos\varphi_{\mathrm{W}}$$

$$Q = Q_U + Q_V + Q_W = U_U I_U \sin\varphi_U + U_V I_V \sin\varphi_V + U_W I_W \sin\varphi_W \qquad (3\text{-}50)$$

$$S = \sqrt{P^2 + Q^2}$$

式中，φ_U、φ_V、φ_W 为各相负载的阻抗角。

当三相电路对称时，各相的有功功率、无功功率相等，所以有

$$P = 3U_P I_P \cos\varphi = 3 \times \frac{U_L}{\sqrt{3}} \times I_L \cos\varphi = \sqrt{3} U_L I_L \cos\varphi$$

$$Q = 3U_P I_P \sin\varphi = 3 \times \frac{U_L}{\sqrt{3}} \times I_L \sin\varphi = \sqrt{3} U_L I_L \sin\varphi$$

$$S = \sqrt{P^2 + Q^2} = 3U_P I_P = \sqrt{3} U_L I_L$$

式中，U_P、I_P 为相电压、相电流的有效值；U_L、I_L 为线电压、线电流的有效值；φ 为阻抗角。

对于△联结的对称三相负载，等效为Y联结时，线电压、线电流和阻抗角均不变。因此，对称三相负载，无论是Y联结还是△联结，三相电路功率的计算公式均为

$$P = \sqrt{3} U_L I_L \cos\varphi$$

$$Q = \sqrt{3} U_L I_L \sin\varphi \qquad (3\text{-}51)$$

$$S = \sqrt{3} U_L I_L$$

公式中没有出现相电压和相电流，而是线电压和线电流，这是因为在实际电路中，线电压和线电流比相电压和相电流容易测得。

例 3-27　线电压为 380V 的对称三相正弦电压源上接有两组对称三相负载，如图 3-50 所示，$Z_1 = 38\underline{/30°}\,\Omega$，$Z_2 = 10\,\Omega$，试求电路总有功功率、总无功功率和总视在功率。

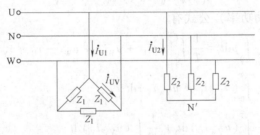

图 3-50　例 3-27 图

解：△联结负载的线电流 I_{L1} 为

$$I_{L1} = I_{U1} = \sqrt{3} I_{UV} = \sqrt{3} \times \frac{380}{38}\text{A} = 10\sqrt{3}\,\text{A}$$

Y联结负载的线电流

$$I_{L2} = I_{U2} = \frac{220}{10}\text{A} = 22\,\text{A}$$

根据对称三相负载的 P、Q、S 的计算公式有

$$P = (\sqrt{3} \times 380 \times 10\sqrt{3} \cos 30° + \sqrt{3} \times 380 \times 22)\text{W} = 24351.92\,\text{W}$$

$$Q = \sqrt{3} \times 380 \times 10\sqrt{3} \sin 30°\,\text{Var} = 5700\,\text{Var}$$

$$S = \sqrt{P^2+Q^2} = \sqrt{24351.92^2+5700^2}\,\text{V}\cdot\text{A} = 25010.12\,\text{V}\cdot\text{A}$$

3. 三相电路功率的测量

对称三相电路，可用一只功率表测出其中一相的功率，乘以 3 就是三相总功率，这种测量方法，称为"一瓦特计法"。

三相四线制电路中，负载一般是不对称的，需分别测出各相功率后再相加得到三相电路的总功率，测量电路如图 3-51 所示（这种接线方法称为共 W 法，除此之外还有共 U 法、共 V 法），这种方法称为"三瓦特计法"。

对于三相三线制电路，不论其对称与否，都可用图 3-52 所示的电路来测量，这种方法称为"二瓦特计法"。两只功率表的接线原则是：两只功率表的电流线圈分别串接于任意两根端线中，而电压线圈分别并接在电流线圈所接的端线和第三根端线之间，这样两块功率表读数的代数和就是三相电路的总功率。

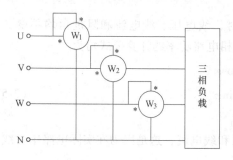

图 3-51 三瓦特计法

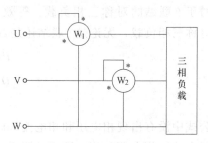

图 3-52 二瓦特计法

以 Y 联结（如果是 △ 联结可以等效为 Y 联结）为例，由于采用三相三线制所以有

$$i_U + i_V + i_W = 0 \quad \text{即} \quad i_W = -i_U - i_V$$

根据平均功率（有功功率）公式有

$$\begin{aligned}
P &= \frac{1}{T}\int_0^T p\,\mathrm{d}t = \frac{1}{T}\int_0^T [u_U i_U + u_V i_V + u_W(-i_U - i_V)]\,\mathrm{d}t \\
&= \frac{1}{T}\int_0^T (u_{UW} i_U + u_{VW} i_V)\,\mathrm{d}t \\
&= \frac{1}{T}\int_0^T (u_{UW} i_U)\,\mathrm{d}t + \frac{1}{T}\int_0^T (u_{VW} i_V)\,\mathrm{d}t \\
&= P_1 + P_2
\end{aligned}$$

注意：二瓦特计法中任意一个功率表的读数是没有意义的，两功率表的读数是有正、负之分的，总功率是两块表读数的代数和。

模块 3 小 结

1. 单相正弦交流电路

1) 正弦交流电路中的电动势 e、电压 u、电流 i 均为正弦量，即随时间按正弦规律变化，函数表达式为

$$e(t) = E_m \sin(\omega t + \psi_e)$$

$$u(t) = U_m \sin(\omega t + \psi_u)$$
$$i(t) = I_m \sin(\omega t + \psi_i)$$

式中，E_m、U_m 及 I_m 称为幅值；ω 称为角频率；ψ_e、ψ_u 及 ψ_i 称为初相位。

2）正弦量除用三角函数式、波形图表示外，还可以用相量表示，所谓的相量表示就是用复数来表示正弦量。正弦量的相量分为最大值相量和有效值相量，最大值相量用 $\dot{I}_m$、$\dot{U}_m$、$\dot{E}_m$ 表示，有效值相量用 $\dot{I}$、$\dot{U}$、$\dot{E}$ 表示。一般在无特殊说明的情况下，正弦量的相量均指的是有效值相量。例正弦量 $u(t)=U_m\sin(\omega t+\psi_u)$，它的相量为

$$\dot{U} = U\cos\psi_u + jU\sin\psi_u = U\angle\psi_u$$

用相量表示主要是为了解决正弦量的计算问题。

3）同频率正弦量相加（或相减）的结果，仍是一个同频率的正弦量；正弦量的和（或差）的相量，等于正弦量的相量的和（或差）。

4）相量形式的基尔霍夫电流定律：$\sum \dot{I}=0$ 或 $\sum \dot{I}_入 = \sum \dot{I}_出$；相量形式的基尔霍夫电压定律：$\sum \dot{U}=0$ 或 $\sum \dot{U}_升 = \sum \dot{U}_降$。

5）电阻、电感及电容元件的伏安特性在正弦交流电路中分为瞬时值、有效值及相量三种，当电压与电流的参考方向关联时，三个理想元件的伏安特性如表 3-2 所示。

表 3-2 电阻、电感及电容元件的伏安关系

理想元件	瞬时值	有效值	相量
电阻（R）	$i = \dfrac{u}{R}$	$I = \dfrac{U}{R}$	$\dot{I} = \dfrac{\dot{U}}{R}$
电感（L）	$u = L\dfrac{di}{dt}$	$I = \dfrac{U}{X_L}$	$\dot{I} = \dfrac{\dot{U}}{jX_L}$
电容（C）	$i = C\dfrac{du}{dt}$	$I = \dfrac{U}{X_C}$	$\dot{I} = \dfrac{\dot{U}}{-jX_C}$

6）电感元件的主要参数有电感量 L、品质因数 Q、分布电容、额定电流，常见的标注方法有直标法、色标法和数码标注法；电容元件的主要参数有电容量 C、额定电压、工作温度范围、正切损耗角 $\tan\delta$ 等，常见的标注方法有直标法、色标法、数字标注法和字母数字混合法。

7）在正弦交流电路中，一个无源二端网络，在端口电压和电流参考方向关联的情况下，把端口电压相量和电流相量的比值称为该二端网络的复阻抗。复阻抗用 Z 表示，单位为欧姆（Ω）。

8）相量形式的欧姆定律：当电压与电流的参考方向关联时 $\dot{I}=\dfrac{\dot{U}}{Z}$，不关联时 $\dot{I}=-\dfrac{\dot{U}}{Z}$。

9）在正弦交流电路中，串联电路的等效复阻抗等于各个串联复阻抗之和；并联电路的等效复阻抗的倒数等于各个并联复阻抗倒数之和。

10）正弦交流电路的有功功率 $P=UI\cos\varphi$，单位为瓦（W）；无功功率 $Q=UI\sin\varphi$，单位为乏（Var）；视在功率 $S=UI=\sqrt{P^2+Q^2}$，单位为伏安（V·A）。

11）在正弦交流电路中，具有电感和电容的无源二端网络，在一定的条件下，形成网络端口电压和电流同相的现象，称为谐振。串联电路发生的谐振称为串联谐振，谐振时 $\omega_0 = \dfrac{1}{\sqrt{LC}}$、$f_0 = \dfrac{1}{2\pi\sqrt{LC}}$，串联谐振时，电感或电容的电压可以远大于端口电压，所以串联谐振又称为电压谐振；并联电路发生谐振称为并联谐振，谐振时 $\omega_0 = \sqrt{\dfrac{1}{LC} - \dfrac{R^2}{L^2}}$、$f_0 = \dfrac{1}{2\pi}\sqrt{\dfrac{1}{LC} - \dfrac{R^2}{L^2}}$，并联谐振时，两个并联支路的电流可以远大于总电流，所以并联谐振又称为电流谐振。

12）正弦交流电路的分析采用相量法，理论依据为电路的基本定律和定理，只不过这些定律和定理均为相量和复阻抗的形式。

2．三相正弦交流电路

1）三相正弦交流发电机是对称的三相正弦交流电源，即产生幅值相同、频率相同，而相位互差120°三相电压，按照星形或三角形的方式连接起来，为负载供电。

2）星形联结的对称的三相正弦交流电源，相电压对称，线电压也对称，而且线电压的有效值是相电压有效值的$\sqrt{3}$倍，电源为正相序时，线电压超前对应相电压30°，线电压和相电压的关系为

$$\dot{U}_{UV} = \sqrt{3}\dot{U}_U \angle 30°$$

$$\dot{U}_{VW} = \sqrt{3}\dot{U}_V \angle 30°$$

$$\dot{U}_{WU} = \sqrt{3}\dot{U}_W \angle 30°$$

3）三角形联结的对称三相正弦交流电源，相电压对称，线电压和相电压相等。

4）需要三相电源供电的负载称为三相负载。三相负载有两种连接方式，即星形联结和三角形联结。三相负载的三个等效复阻抗都相等时称为对称的三相负载。

5）星形联结的三相负载，线电流等于相电流，当电路对称时，相电流对称，线电流也对称，中性线电流为零，所以中性线可以省略。

6）三角形联结的三相负载，线电流不等于相电流，当电路对称，电源为正相序时，线电流滞后相电流30°，线电流和相电流的关系为：

$$\dot{I}_U = \sqrt{3}\dot{I}_{UV} \angle -30°$$

$$\dot{I}_V = \sqrt{3}\dot{I}_{VW} \angle -30°$$

$$\dot{I}_W = \sqrt{3}\dot{I}_{WU} \angle -30°$$

7）在分析对称的三相电路时，在电源侧，如果知道三个相电压或三个线电压中的一个，并知道电源的相序，那么根据它们之间的关系，就可知道另外五个；在负载侧，无论负载为Y联结还是△联结，线电流和负载的相电流均是对称的，线电流和相电流之间存在着对应的关系，这样在求得三个相电流和三个线电流中的一个后，就可知道另外五个。这样就可以将三相电路的计算，转化为单相电路的计算。

8）当三相电源、输电线复阻抗和三相负载中存在着不对称时，则对应的三相电路就为不对称三相电路。常见的不对称三相电路通常是三相电源、输电线复阻抗对称，而三相负载不对称。

9）在分析不对称三相电路时，在电源侧，如果知道三个相电压或三个线电压中的一个，并知道电源的相序，根据它们之间的关系，就可知道另外五个；而在负载侧，无论负载为Y联结还是△联结，线电流和负载的相电流均是不对称的，线电流和相电流之间不存在着对称电路的那种对应关系，这样在求三个相电流和三个线电流时，就需一个一个地求，和对称三相电路相比，较为复杂。

10）对于不对称星形联结的三相负载的三相电路分析计算时，当电路有中性线时，每相负载两端的电压还是电源的相电压，这样我们只需根据欧姆定律分别求每相负载的相电流，再根据基尔霍夫电流定律求线电流和中性线电流即可；当电路无中性线（或中性线断开）时，每相负载两端的电压不等于电源的相电压，此时应先求负载中性点到电源中性点间的电压，利用弥尔曼定理有

$$\dot{U}_{N'N} = \frac{\dot{U}_U Y_U + \dot{U}_V Y_V + \dot{U}_W Y_W}{Y_U + Y_V + Y_W}$$

然后利用基尔霍夫电压定律即可求出各相负载两端的电压，进而可求出各相负载的相电流和线电流。

11）对于不对称三角形联结的三相负载，每相负载两端电压为电源的线电压，根据欧姆定律可以求出各相负载的相电流，再根据基尔霍夫电流定律，即可求出各线电流。

12）对称三相电路中，瞬时功率就等于有功功率，它是一个常数，不随时间而变化。

13）在三相电路中，无论三相负载是Y联结还是△联结，三相负载的有功功率等于各相负载的有功功率之和；三相负载的无功功率等于各相负载的无功功率之和；视在功率不等于各相视在功率之和，而是等于有功率的平方与无功功率的平方和的开方，即

$$P = P_U + P_V + P_W$$
$$Q = Q_U + Q_V + Q_W$$
$$S = \sqrt{P^2 + Q^2}$$

14）对于△联结的对称三相负载，等效为Y联结时，线电压、线电流和阻抗角均不变。因此，对称三相负载，无论是Y联结还是△联结，三相电路功率的计算公式均为

$$P = \sqrt{3} U_L I_L \cos\varphi$$
$$Q = \sqrt{3} U_L I_L \sin\varphi$$
$$S = \sqrt{3} U_L I_L$$

15）三相电路功率的测量方法可分为："一瓦特计法"，适用于对称三相电路；"三瓦特计法"，适用于三相四线制三相电路；"二瓦特计法"，适用于三相三线制。

模块 3 习 题

3-1 求下列正弦量的振幅、有效值、角频率、频率、周期、初相位。

（1）$i = 5\sin(100t + 20°)$ A （2）$u = 310\sqrt{2}\sin(314t - 50°)$ V

（3）$u = 220\cos(628t + 70°)$ V （4）$i = -7\sin(100t + 20°)$ A

3-2 已知正弦量 $u_1 = 220\sqrt{2}\sin(314t + 45°)$ V，$u_2 = 110\sqrt{2}\sin(314t - 60°)$ V，请画出两个

正弦电压的波形图，并说明二者的相位关系。

3-3 已知两个复数 $A_1 = 220\angle 60°$，$A_2 = -5\sqrt{3}+j5$，试计算 A_1+A_2 和 A_1A_2，并把计算结果都转化为极坐标形式。

3-4 已知正弦量 $u = 220\sqrt{2}\sin(314t+60°)$ V，$i = 10\sqrt{2}\sin(314t-30°)$，试写出它们的相量表示（相量式），并画出相量图。

3-5 已知正弦量 $i_A = 10\sqrt{2}\sin(314t+30°)$ A，$i_B = 10\sqrt{2}\sin(314t-60°)$ V，试求 i_A+i_B 和 i_A-i_B 的三角函数式。

3-6 请写出电阻、电感和电容元件在正弦交流电路中，当电压和电流的参考方向关联时，电压相量和电流相量的关系式（已知 R、X_L 和 X_C），并就相量关系式说明电压 U 和电流 I 的关系，电压与电流的相位关系。

3-7 电感元件的主要参数有哪些？常见标注方法有哪些？常用的检测方法有哪些？

3-8 电容元件的主要参数有哪些？常见标注方法有哪些？常用的检测方法有哪些？

3-9 已知 RLC 串联接在工频正弦交流电源上，$R=100\Omega$，$L=100\text{mH}$，$C=470\mu\text{F}$，试求电路的等效复阻抗 Z（写成极坐标形式）。

3-10 图 3-53 所示的各电路图中，电压表 V_1 和 V_2 的读数（都是正弦量的有效值），试求电压表 V 的读数。

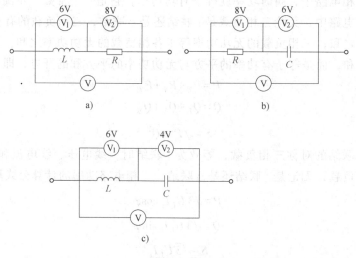

图 3-53

3-11 在图 3-54 中，已知 $u = 60\sin100\pi t$ V，$R=7\Omega$，$C=90\mu\text{F}$，试求电流 i、电阻电压 u_R 和电容电压 u_C。

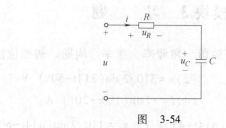

图 3-54

3-12 已知 RL 串联和 C 并联接在工频正弦交流电源上，$R=10\Omega$，$L=50\text{mH}$，$C=220\mu\text{F}$，试求电路的等效复阻抗 Z（写成极坐标形式）。

3-13 图 3-55 所示的各电路图中，已知电流表 A_1 和 A_2 的读数（都是正弦量的有效值），试求电流表 A 的读数。

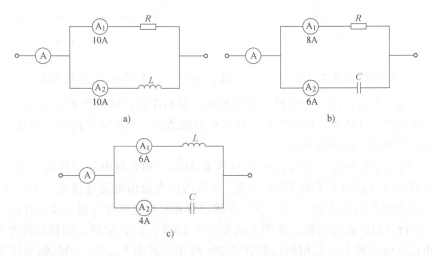

图 3-55

3-14 在图 3-56 中，已知 $u=141.4\sin5000t\text{V}$，$R=40\Omega$，$C=20\mu\text{F}$，$L=20\text{mH}$，试求电流 $\dot{I}$、$\dot{I}_1$ 和 $\dot{I}_2$。

3-15 一个无源二端网络的电压和电流为 $u=220\sqrt{2}\sin(314t+45°)\text{V}$，$i=5\sqrt{2}\sin(314t-30°)\text{A}$。试求：二端网络的有功功率、无功功率、视在功率和功率因数。

3-16 接在电压为 220V 的工频正弦交流电源上的荧光灯，灯管等效电阻 $R_1=280\Omega$，镇流器的等效电阻 $R_2=20\Omega$ 和等效电感 $L=1.65\text{H}$，试求：电路的等效复阻抗、电路的电流 I、电路的有功功率、无功功率、视在功率和功率因数。

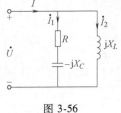

图 3-56

3-17 接在电压为 220V 的工频正弦交流电源上的荧光灯，电路的有功功率 $P=40\text{W}$，功率因数为 0.65，要想使电路的功率因数提高到 0.9，试求应并联多大的电容？并说明并联电容后，电路中的无功功率和视在功率发生了怎样的变化？

3-18 已知电感线圈的等效电阻为 R，等效电感为 L，电容器的电容 C，当电感线圈和电容器串联时，写出谐振频率的公式；当电感线圈和电容器并联时，写出谐振频率的公式。

3-19 为什么串联谐振又称为电压谐振？并联谐振又称为电流谐振？

3-20 电路如图 3-57 所示，已知 $\dot{U}_1=10\text{V}$，$\dot{U}_2=\text{j}10\text{V}$，$Z_1=-\text{j}2\Omega$，$Z_2=\text{j}5\Omega$，$Z_3=5\Omega$，试分别用支路电流法和叠加定理求 Z_3 支路的电流。

3-21 电路如图 3-58 所示，已知 $\dot{U}=10\text{V}$，$\dot{I}=2\angle60°\text{A}$，$Z_1=5\Omega$，$Z_2=\text{j}5\Omega$，$Z_3=(5-\text{j}5)\Omega$，试分别用电压源和电流源的等效变换和戴维南定理来求 Z_3 支路的电流。

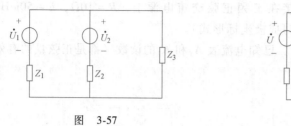

图 3-57

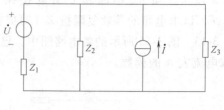

图 3-58

3-22 一对称三相正弦电压源的 $\dot{U}_U = 220\angle 60°$V，(1) 当电源为星形联结，正相序时，试写出 $\dot{U}_V$、$\dot{U}_W$、$\dot{U}_{UV}$；(2) 当电源为星形联结，反相序时，试写出 $\dot{U}_V$、$\dot{U}_W$、$\dot{U}_{UV}$。

3-23 试证明：当对称三相正弦电压源三角形联结时，如果其中的某一相接反，三相电源回路内的电压达到相电压的两倍。

3-24 一幢六层住宅楼，由线电压为 380V 的对称三相正弦电压源供电，采用三相四线制供电，楼内所有电器均为单相 220V 负载，由楼内所有家用电器连接成一个三相负载。请问：(1) 三相负载的连接方式；(2) 各个负载如何分配在电源的三相上较为合理？

3-25 一台三相永磁电动机，铭牌上注有 380/220V、Y/△ 字样，如接在线电压为 380V 的对称三相正弦电压源上，三相绕组如图 3-59a 所示，其中 U_1、V_1、W_1 称为绕组的首端，U_2、V_2、W_2 称为绕组的尾端，三相绕组应如何连接？请画在图 3-59b 所示的接线盒上。

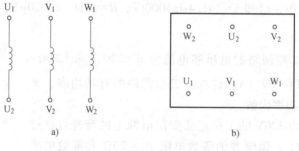

图 3-59

3-26 线电压为 380V 的对称三相正弦电压源给对称Y联结三相负载供电，每相负载的复阻抗 $Z = 22\angle 30°$Ω，试求三相负载的相电流并作相量图。

3-27 线电压为 380V 的对称三相正弦电压源给一组三相对称负载供电，每相负载的额定电压为 220V，复阻抗 $Z = (30+j40)$Ω。(1) 确定三相负载的连接方式；(2) 求三相负载的相电流和线电流。

3-28 线电压为 380V 的对称三相正弦电压源给对称△联结三相负载供电，每相负载的复阻抗 $Z = 38\angle 45°$Ω，试求三相负载的相电流、线电流并作相量图。

3-29 线电压为 380V 的对称三相正弦电压源给一组三相对称负载供电，每相负载的额定电压为 380V，复阻抗 $Z = (60+j80)$Ω。(1) 确定三相负载的连接方式；(2) 求三相负载的相电流和线电流。

3-30 为了减小三相笼型异步电动机的起动电流，通常把正常运转应接成△联结的电动机先连接成Y联结，等转动起来达到额定转速后再改接成△联结（俗称Y-△起动）。(1) 求

Y-△起动时的相电流之比；（2）求Y-△起动时的线电流之比。

3-31 线电压为380V的对称三相正弦电压源对两组对称负载供电，如图3-60所示，Y联结三相负载每相复阻抗 $Z_1 = 8+j6\Omega$，△联结三相负载每相 $Z_2 = 10\Omega$，每根端线的复阻抗 $Z_L = (1+j)\Omega$。试求端线电流、两组三相负载的线电流和相电流。

3-32 三相Y联结负载 $R_U = R_V = 22\Omega$，$R_W = 11\Omega$，接在线电压为380V的对称三相正弦电压源上如图3-61所示。（1）求三相负载相电流和中性线电流；（2）当中性线由于某种原因断开时，求此种情况下的三相负载的相电压和相电流。

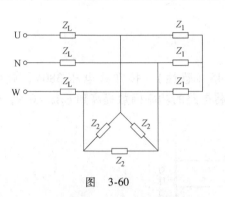

图 3-60

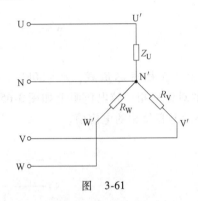

图 3-61

3-33 三相负载如图3-62所示，由线电压为380V的对称三相正弦电压源供电，若各相负载的阻抗值均为 10Ω。（1）求各相负载相电流和中性线电流；（2）当中性线由于某种原因断开时，求此种情况下的各相负载的相电压和相电流。

3-34 线电压为380V的对称三相正弦电压源给一组照明负载供电，其中U相接有220V、100W的白炽灯10盏；V相接有220V、100W的白炽灯5盏；W相接有220V、60W的白炽灯10盏。（1）三相四线制供电，求各相负载的相电流和中性线电流；（2）如中性线因事故断开，哪一相负载的电压最高？为多少？

3-35 相序指示器另外一种形式，如图3-63所示，满足 $X_L = R$，通过计算说明它的工作原理。

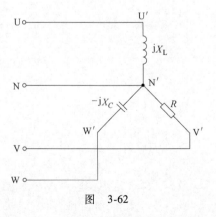

图 3-62

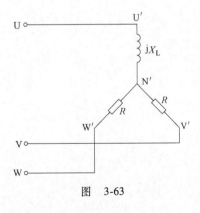

图 3-63

3-36 一台三相笼型异步电动机接在线电压为380V的对称三相正弦电压源上，通过3166电力分析仪测量，线电流为34A，功率因数为0.68，试求电动机从电源取用的有功功率、无功功率和视在功率。

3-37 已知三相笼型异步电动机 $P = 22\text{kW}$（输出机械功率），$\cos\varphi = 0.85$（感性），$\eta = 0.875$（效率），接在线电压为380V的对称三相正弦电压源上如图 3-64 所示。（1）求各线电流；（2）求图中两瓦特计的读数。

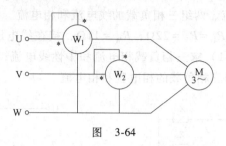

图 3-64

3-38 三相对称负载，$P = 30\text{kW}$，$\cos\varphi_1 = 0.45$（感性），接在线电压 380V，频率为 50Hz 的对称三相正弦电压源上如图 3-65 所示。如将电路的功率因数提高到 $\cos\varphi = 0.9$，试求三相补偿电容每相的电容值。

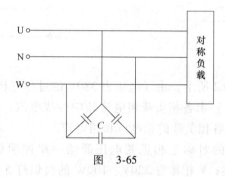

图 3-65

模块 4

磁路与变压器

利用电磁感应原理工作的电动机、变压器等电气设备，除了电路之外，还有磁路，所谓的磁路就是利用导磁性能较好的铁磁性物质做成一定形状的铁心，磁通的绝大部分经过铁心而形成闭合通路，这种人为造成磁通的路径称为磁路。变压器就是变换交流电压、电流和阻抗的器件或设备，变压器由铁心和绕组两部分组成，绕组又分一次绕组和二次绕组，当一次绕组两端加上正弦交流电压时，铁心（即磁路）中便产生同频率正弦变化的磁通，进而在二次绕组中感应出正弦交流电压。

本模块主要讲述磁路中的基本物理量；磁性材料的磁性能；磁路的基本定律；直流铁心线圈和直流电磁铁；交流铁心线圈和交流电磁铁；变压器的结构及工作原理；变压器的运行特性及种类。

4.1 磁路及其分析方法

4.1.1 磁场中的基本物理量

1. 磁感应强度

磁感应强度是表示磁场内某点磁场强弱和方向的物理量，它是一个矢量，用 B 表示。它的方向定义为：在磁场内某点放置一个检验小磁针，小磁针 N 极的指向就是该点的磁感应强度方向；它的大小定义为：在磁场内某点放置一小段长度为 Δl、电流为 I 并与磁感应强度方向垂直的导体，如果导体所受的力为 ΔF，则该点的磁感应强度大小为

$$B = \frac{\Delta F}{I \Delta l} \tag{4-1}$$

在国际单位制作中，磁感应强度的单位为特斯拉（T）。

如果磁场内各点的磁感应强度的大小相等，方向相同，这样的磁场称为均匀磁场。

2. 磁通

设在磁感应强度为 B 的匀强磁场中，有一个面积为 S 且与磁场方向垂直的平面，磁感应强度 B 与面积 S 的乘积，称为穿过这个面积的磁通量，简称磁通。磁通是标量，用符号 Φ 表示，即

$$\Phi = BS \quad \text{或} \quad B = \frac{\Phi}{S} \tag{4-2}$$

由上式可见，磁感应强度在数值上等于与磁感应强度垂直的单位面积所通过的磁通，所

以磁感应强度又称为磁通密度。

在国际单位制中，磁通的单位为韦伯（Wb）。

3. 磁导率

磁导率是表示磁介质导磁性能的物理量，用 μ 表示，在国际单位制中，磁导率的单位为亨利/米（H/m）。真空磁导率是一个常数，用 μ_0 表示，$\mu_0 = 4\pi \times 10^{-7}$ H/m。

不同物质的磁导率不同，我们把某一物质的磁导率和真空磁导率的比值称为该物质的相对磁导率，用 μ_r 表示。各种物质根据相对磁导率的不同，可以分为三类：

1）顺磁性物质：μ_r 略大于1，如空气、氧、锡、铝、铅等物质都是顺磁性物质，在磁场中放置顺磁性物质，磁感应强度 B 略有增加。

2）反磁性物质：μ_r 略小于1，如氢、铜、石墨、银、锌等物质都是反磁性物质，又称为抗磁性物质，在磁场中放置反磁性物质，磁感应强度 B 略有减小。

3）铁磁性物质：μ_r 远远大于1，且不是常数，如铁、钢、铸铁、镍、钴等物质都是铁磁性物质，在磁场中放入铁磁性物质，可使磁感应强度 B 增加几十至几万倍。

一些常见物质的相对磁导率见表4-1。

表4-1 常见物质的相对磁导率

物质	温度	相对磁导率 μ_r
真空		1
空气	标准状态	1.00000004
铂	20℃	1.00026
铝	20℃	1.000022
钠	20℃	1.0000072
氧	标准状态	1.0000019
汞	20℃	0.999971
银	20℃	0.999974
铜	20℃	0.99990
碳（金刚石）	20℃	0.999979
铅	20℃	0.999982
岩盐	20℃	0.999986
铸铁	20℃	200~400
硅钢片	20℃	7000~10000
镍锌铁氧体	20℃	10~1000
锰锌铁氧体	20℃	300~5000
坡莫合金	20℃	20000~200000

4. 磁场强度

磁场强度的定义为：在任何磁介质中，磁场中某点的磁感应强度 B 与同一点上的磁导率 μ 的比值称为该点的磁场强度。用 H 表示，它是矢量，它的方向与 B 的方向相同，它的大小为

$$H = \frac{B}{\mu} \tag{4-3}$$

在国际单位制中,磁场强度的单位为安培/米(A/m)。

安培通过对磁场强度的研究发现:在磁场中,磁场强度矢量 H 沿任意闭合路径的线积分等于穿过该闭合路径所包围全部电流的代数和,这一规律称为安培环路定律,表达式为

$$\oint_l H \cdot \mathrm{d}l = \sum I \tag{4-4}$$

它表明:磁场强度矢量 H 沿任意闭合路径的线积分只与产生它的电流 I 有关,而与磁场中的介质无关。

电流正负号的规定:电流方向与闭合回路环绕方向之间符合右手螺旋定则的电流取为正,反之为负。

有了安培环路定律,我们通过数学上的线积分就可以求得磁场中各点的磁场强度,以下就是通过推导得出的结论。

(1)载流长直导线的磁场 长直导线如图 4-1 所示,通过电流 i 产生的磁场,磁场中任一点 A 距导线的垂直距离为 r,则该点的磁场强度 H 为

$$H = \frac{i}{2\pi r} \tag{4-5}$$

(2)载流长螺线管内的磁场 长螺线管如图 4-2 所示,长度为 l,匝数为 N,通过电流 i 产生的磁场,螺线管内的磁场是均匀的,管内各点的磁场强度 H 为

$$H = \frac{Ni}{l} \tag{4-6}$$

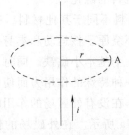

图 4-1 载流长直导线的磁场

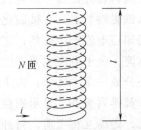

图 4-2 载流长螺线管内的磁场

(3)载流环形螺线管内的磁场 环形螺线管如图 4-3 所示,均匀而紧密地绕有 N 匝绕圈,通过电流 i 产生的磁场,螺线管内部距环心为 r 处一点的磁场强度 H 为

$$H = \frac{Ni}{2\pi r} \tag{4-7}$$

如果环的内半径 r_1 和外半径 r_2 相差很少,就可以认为螺线管内部磁场是均匀的,在计算内部各点的 H 时,则按平均半径计算。

$$r_{av} = \frac{r_1 + r_2}{2}$$

此时,$2\pi r_{av}$ 就是磁路的平均长度。

例 4-1 已知环形螺线管如图 4-3 所示,均匀而紧密地绕有 1000 匝线圈,环的内半径 $r_1 = 20\mathrm{mm}$,外半径 $r_2 = 25\mathrm{mm}$,线圈通以 0.5A 的直流电流,如果近似认为螺线管内部磁场是

均匀的，请计算：

（1）当螺线管内部为空心时，内部各点的磁场强度和磁感应强度。

（2）当螺线管不是空心的，而是以铁磁性物质作为骨架时，螺线管内部各点的磁场强度和磁感应强度如何变化。

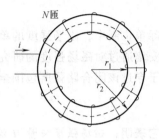

图 4-3 截流环形螺线管内的磁场

解：（1）环的平均半径 r_{av} 为

$$r_{av} = \frac{r_1 + r_2}{2} = \frac{20+25}{2} \text{mm} = 22.5 \text{mm}$$

螺线管内部各点的磁场强度 H 为

$$H = \frac{Ni}{2\pi r_{av}} = \frac{1000 \times 0.5}{2\pi \times 22.5 \times 10^{-3}} \text{A/m} = 3536.8 \text{A/m}$$

螺线管内部各点的磁感应强度 B 为

$$B = \mu_r \mu_0 H = 1.00000004 \times 4\pi \times 10^{-7} \times 3536.8 \text{T} = 4.4 \times 10^{-3} \text{T}$$

（2）当螺线管不是空心的，而是以铁磁性物质作为骨架时，即以铁磁性物质为磁介质，螺线管内部的磁场强度不变，但由于铁磁性物质的 μ_r 变大，所以磁感应强度变大。

4.1.2 铁磁性材料的磁性能

1. 铁磁性材料的高导磁性

非磁性材料的导磁性能较差，其相对磁导率近似等于1，铁磁性材料的导磁性能很强，其相对磁导率可达几百至数万，铁磁性材料主要有铁、钴、镍及其合金、铁氧体等。

铁磁性材料在外磁场中呈现磁性的现象，称为铁磁性材料的磁化。

为什么铁磁性材料具有被磁化的特性呢？因为铁磁性材料不同于其他材料，有其内部特殊性。我们知道电流产生磁场，在材料的分子中由于电子环绕原子核运动和本身自转运动而形成分子电流，分子电流也要产生磁场，每个分子相当于一个基本小磁铁。同时，在铁磁性材料内部还分成许多小区域；由于铁磁性材料的分子间有一种特殊的作用力而使每一区域内的分子磁铁都排列整齐，显示磁性，这些小区域称为磁畴。在没有外磁场的作用时，各个磁畴排列混乱，磁场互相抵消，对外就不显示磁性，如图 4-4a 所示。在外磁场的作用下，其中的磁畴就顺外磁场方向转向，显示出磁性来。随着外磁场的增强，磁畴就逐渐转到与外磁场相同的方向上，如图 4-4b 所示。这样，便产生了一个很强的与外磁场同方向的磁化磁场，而使铁磁性材料内的磁感应强度大大增加。这就是说铁磁性材料被强烈地磁化了。

铁磁性材料正是因为具有这一磁性能，所以被广泛应用于如电动机、变压器等电气设备中，做成一定形状的铁心，形成导磁性能良好的磁路，实现了在铁心线圈中通入不大的励磁电流，便可产生足够大的磁通和磁感应强度。这就解决了既要磁通大，又要励磁电流小的矛盾。利用优质的铁磁性材料可使同一容量的电动机或变压器的重量和体积大大减轻和减小。

非磁性物质内没有磁畴的结构，所以不具有磁化的特性。

2. 铁磁性材料的磁饱和性

铁磁性材料由于磁化所产生的磁化磁场不会随着外磁场的增强而无限地增强。当外磁场增大到一定值时，全部磁畴的磁场方向都转到与外磁场一致的方向时，如图 4-4c 所示，这时即便再增强外磁场，磁化磁场也不再增强，这种现象称为磁饱和。

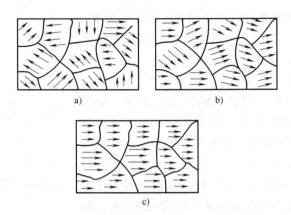

图 4-4 铁磁性材料的磁畴与磁化过程

其磁化过程可以用磁感应强度 B 与磁场强度 H 的关系曲线表示,这条曲线称为磁化曲线,如图 4-5 所示。图中的 B_0 是在外磁场作用下如果磁场内不存在磁性材料时的磁感应强度,B_r 为铁心的磁化磁感应强度,B 为铁心内总的磁感应强度,通过实验我们得到 B_0-H 曲线、B_r-H 曲线和 $B-H$ 曲线,$B-H$ 曲线称为磁化曲线。各种铁磁性材料的磁化曲线可通过实验得出,其在磁路计算上极为重要。

由于在磁路中,磁场强度 H 与励磁电流 i 成正比,磁通 Φ 与磁感应强度 B 也近似成正比,所以磁化曲线也反映了 $i-\Phi$ 之间的关系。曲线表明,铁磁性材料的磁路中的 $B-H$、$i-\Phi$ 之间均为非线性关系。

磁化曲线可分成三段:Oa 段——B 随 H 增加很快,近似为成正比关系;ab 段——B 的增加缓慢下来;b 以后基本上不再增加,表明在外磁场增加到一定值之后,铁磁性材料内部的磁畴全部转向与外磁场方向一致的方向,达到了磁饱和值。

由磁化曲线可知:曲线上任意一点处 B 值与 H 值之比,就是该点的磁导率 μ,由此可以依次得到各点的磁导率值,进而得到 μ 随 H 变化的曲线,如图 4-6 所示,从曲线中可以看出当有铁磁性材料存在时,μ 与 H 不成正比,所以铁磁性材料的磁导率不是常数,其随 H 而变。

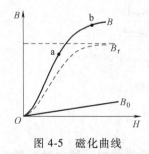

图 4-5 磁化曲线

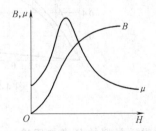

图 4-6 B 和 μ 与 H 的关系曲线

3. 铁磁性材料的磁滞性

当铁心线圈中通有交变电流(大小和方向都变化)时,铁心就受到交变磁化。在电流变化一次时,磁感应强度 B 随磁场强度 H 而变化的关系如图 4-7 所示。

图中 Oa 段,磁场强度 H 从零增加,磁感应强度 B 也是从零增加,当 H 增大到 H_m 时,如图 4-7 中的 a 点,铁心完全被磁化,磁感应强度近似最大值 B_m;ab 段,磁场强度 H 从 H_m

减小到零时,磁感应强度 B 并没减小到零,而是变为 B_r,如图 4-7 的 b 点所示, B_r 称为剩余磁感应强度,简称剩磁。可见,磁感应强度滞后于磁场强度变化,这种性质称为铁磁性物质的磁滞性;bc 段,磁场强度变为反向,磁场强度从零变化到 $-H_c$,磁感应强度 B 变为零,如图 4-7 的 c 点所示,想要消除剩磁,就要加一个反向的磁场强度,反向磁场强度 H_c 称为矫顽磁力;ca' 段,反向磁场强度继续增加,当增加到 $-H_m$ 时,磁感应强度也反向增至 $-B_m$,如图 4-7 的 a' 点所示;a'b' 段,反向磁场强度 H 从 $-H_m$ 变化为零,磁感应强度 B 也从 $-B_m$ 变化为 $-B_r$,如图 4-7 的 b' 所示,此时达到反向剩磁;b'c' 段,磁场强度又变为正向,磁场强度从零增加到 H_c,磁感应强度 B 也

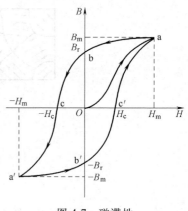

图 4-7 磁滞性

从 $-B_r$ 变化为零,如图 4-7 的 c' 点所示,此时消除反向剩磁;c'a 段,正向磁场强度从 H_c 增至 H_m,磁感应强度从零增至 B_m,如图 4-7 中的 a 点,这样得到了一条对称原点的闭合曲线 abca'b'c'a。我们把 Oa 曲线称为磁化曲线,abca'b'c'a 闭合曲线称为磁滞回线。

铁磁性物质的材料不同,磁化曲线和磁滞回线也不同。图 4-8 中给出了几种铁磁性材料的磁化曲线。

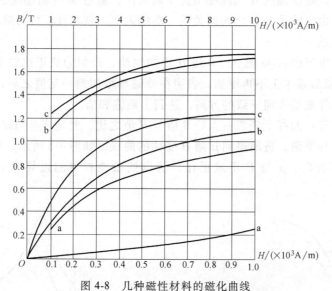

图 4-8 几种磁性材料的磁化曲线
a—铸铁 b—铸钢 c—硅钢片

4. 铁磁性材料的分类与用途

铁磁性材料按磁滞回线的形状不同,可分为三大类:软磁材料、硬磁材料和矩磁材料。

(1) 软磁材料　这种材料磁导率高,易于磁化,撤去外磁场后,磁性基本消失。具有较小的矫顽磁力,磁滞回线较窄,如图 4-9a 所示。一般用来制造电机、电器及变压器等的铁心。常用的软磁材料有铸铁、硅钢、坡莫合金及软磁铁氧体等。软磁铁氧体在电子技术中应用也很广泛,例如用作各种电感元件(如滤波器、高频变压器、录音录像磁头)的磁心。

（2）硬磁材料　具有较大的矫顽磁力，磁滞回线较宽，撤去外磁场后剩磁大，如图4-9b所示。一般用来制造永久磁铁，被广泛用于磁电式测量仪表、扬声器、永磁发电机及电信装置中。常用的有碳钢及铁镍铝钴合金等。近年来稀土永磁材料发展很快，其矫顽磁力更大。如稀土钴的综合磁性能好，有很强的抗去磁能力，磁性的温度稳定性较好，其允许工作温度高达200~250℃；缺点是除磨加工外，不能进行其他机械加工，另外材料的价格贵，制造成本亦高。稀土钕铁硼是80年代后期研制成的一种永磁材料，其磁性能优于稀土钴，且价格较低廉，不足之处是允许工作温度较低，约为100℃，使其应用范围受到一定限制。

（3）矩磁材料　具有较小的矫顽磁力和较大的剩磁，磁滞回线接近矩形，如图4-9c所示。当有很小的外磁场作用时，就能使之磁化，并达到饱和。去掉外磁场后，磁性仍然保持与饱和时一样。矩磁材料主要在计算机的存储器磁心和远程自动控制、雷达导航、宇宙航行及信息处理显示等方面用于开关元件、记忆元件和逻辑元件。常用的矩磁材料有锰镁铁氧体、锂锰铁氧体等。

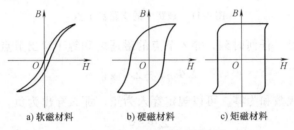

a) 软磁材料　　　b) 硬磁材料　　　c) 矩磁材料

图4-9　铁磁性材料的磁滞回线

4.1.3　磁路的基本定律

1. 磁路

我们知道电路说是电流的闭合路径，那么磁路就是磁通的闭合路径。为了能够用较小的励磁电流产生足够大的磁通，常用铁磁性物质做成一定形状的铁心，由于铁心的磁导率远远高于周围非铁磁物质的磁导率，所以磁通的绝大部分经铁心而形成一个闭合通路。

磁路的绝大部分是由铁磁性材料构成的，但是如果铁心不完全闭合，就会有空气隙，这种空气隙也是磁路的组成部分。图4-10给出了直流电机和电磁继电器的磁路，两个磁路中都存在空气隙。

2. 磁路定律

分析计算磁路的理论依据是磁路的基本定律，下面介绍磁路的三个基本定律：磁路的基

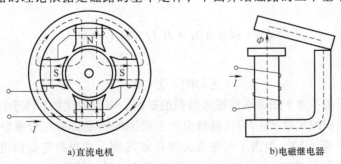

a) 直流电机　　　　　　　　b) 电磁继电器

图4-10　直流电机和电磁继电器的磁路

尔霍夫第一定律、磁路的基尔霍夫第二定律和磁路的欧姆定律。

（1）磁路的基尔霍夫第一定律　磁路的每一个分支称为磁路的支路，同一支路的磁通处处相等，如图 4-11a 所示。

磁路中三条或三条以上支路的汇集点称为磁路的节点，如图 4-11b 所示。

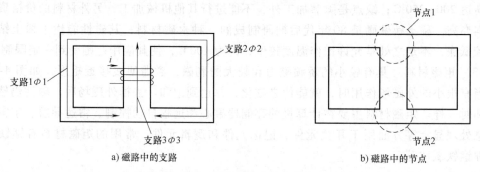

a) 磁路中的支路　　　　b) 磁路中的节点

图 4-11　磁路中的支路和节点

磁路中的任意节点，任何时刻，穿入节点的磁通之和等于穿出节点的磁通之和，即

$$\sum \Phi_{穿入} = \sum \Phi_{穿出} \tag{4-8}$$

或者说节点的磁通的代数和为零，可以规定穿入为正，那么穿出为负，即

$$\sum \Phi = 0 \tag{4-9}$$

这就是磁路的基尔霍夫第一定律。该定律在形式上类似于电路的基尔霍夫电流定律 $\sum i = 0$。

（2）磁路的基尔霍夫第二定律　磁路往往根据材料不同、截面积不同，可以分成若干段，保证每段的材料相同、截面积相同。由于每条磁路的支路磁通处处相等，所以同一支路的不同段的磁感应强度 B 和磁场强度 H 均不同。但同一段内，由于材料相同、截面积相同，在磁通相同的情况下，磁感应强度 B 和磁场强度 H 必然处处相同。

在图 4-12 所示磁路中，如果取磁路的中心线作为环路，那么这个环路由三段组成，第一段是铁磁物质，截面积为 S_1，中心线长度为 l_1；第二段仍是同一铁磁物质，但截面积为 S_2，平均长度为 l_2；第三段是空气隙，平均长度为 l_3。现设这三段的磁场强度分别为 H_1、H_2 和 H_3，由于各磁场强度的方向均与对应段的中心线的方向一致，根据安培环路定律有

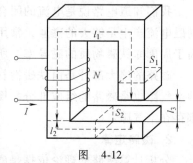

图 4-12

$$\oint_l H \cdot dl = H_1 l_1 + H_2 l_2 + H_3 l_3 = IN \tag{4-10}$$

或写成

$$\sum (Hl) = \sum (IN) \tag{4-11}$$

式（4-11）说明：对于用通电线圈来励磁的磁路，电流的代数和等于回路所链各励磁线圈中电流与匝数乘积的代数和。IN 是磁路中产生磁通的激励，称为磁通势，用 F_m 来表示。磁通势的单位为安培（A），但为了与电流的单位相区别，并根据它是由电流与匝数相乘而得，常把它的单位称为"安匝"。Hl 称为各段磁路的磁压（或磁位差），用 U_m 来表示，则

式（4-11）可写成

$$\sum U_m = \sum F_m \tag{4-12}$$

式（4-12）称为磁路的基尔霍夫第二定律。其表示的含义为：磁路中沿任意闭合回路的磁压 U_m 的代数和等于磁通势 F_m 的代数和。该定律在形式上类似于电路中的基尔霍夫电压定律。

式（4-11）中各项前正负号的选用规则是：当 H 的方向与 l 的方向（即回路的环绕方向）一致时，该段的 Hl 前取正号，反之取负号；电流 I 的方向与回路的环绕方向符合右手螺旋关系时，IN 前取正号，反之取负号。

例 4-2 已知环形螺线管如图 4-3 所示，均匀而紧密地绕有 1000 匝线圈，环的内半径 $r_1 = 20\text{mm}$，外半径 $r_2 = 25\text{mm}$，如果近似认为螺线管内部磁场是均匀的，要想使铁心中产生 1.0T 的磁感应强度，试求：（1）铁心材料为铸钢时，线圈中的电流；（2）铁心材料为硅钢片时，线圈中的电流。

解： 磁路的平均长度 l_{av} 为

$$l_{av} = 2\pi \times \frac{r_1 + r_2}{2} = \pi \times (20+25) \times 10^{-3} \text{m} = 1.414 \times 10^{-5} \text{m}$$

（1）铁心材料为铸钢时，通过图 4-8 可以得出，当 $B = 1.0\text{T}$ 时，$H = 0.7 \times 10^3 \text{A/m}$，根据磁路的基尔霍夫第二定律有

$$Hl_{av} = NI$$

$$I = \frac{Hl_{av}}{N} = \frac{0.7 \times 10^3 \times 141.4 \times 10^{-3}}{1000} \text{A} = 98.98 \times 10^{-3} \text{A} = 98.98 \text{mA}$$

（2）铁心材料为硅钢片时，通过图 4-8 可以得出，当 $B = 1.0\text{T}$ 时，$H = 0.36 \times 10^3 \text{A/m}$，根据磁路的基尔霍夫第二定律有

$$Hl_{av} = NI$$

$$I = \frac{Hl_{av}}{N} = \frac{0.36 \times 10^3 \times 1.414 \times 10^{-5}}{1000} \text{A} = 50.9 \times 10^{-3} \text{A} = 50.9 \text{mA}$$

可见，同一磁路，用不同的铁心材料，需要的励磁电流不同，导磁性越好，需要的励磁电流越小。

（3）**磁路的欧姆定律** 设由磁导率为 μ 的铁磁性物质制成的一段长度为 l、横截面积为 S 的磁路，其磁压为

$$U_m = Hl = \frac{Bl}{\mu} = \frac{\Phi l}{S\mu} = \Phi \frac{l}{\mu S}$$

设 $\frac{l}{\mu S} = R_m$，我们把 R_m 称为该段磁路的磁阻，即

$$U_m = \Phi R_m \tag{4-13}$$

该式称为磁路的欧姆定律，形式类似于电路的欧姆定律。磁阻的单位为 1/亨利（1/H）。

磁路通常是由铁磁性物质构成，由于铁磁性物质的磁导率 μ 随着励磁电流的变化而变化，不是定值，所以磁阻也不是定值，因此，磁路的欧姆定律不能用于磁路的定量计算，只能用于定性分析。

例 4-3 图 4-12 为有气隙的铁心线圈磁路。若线圈两端加上定值的直流电压，试分析气

隙变小（磁路的总长度不变）时对磁路中的磁阻 R_m、磁通 Φ 和磁通势 F_m 的影响。

解： 由于线圈两端加的是定值的直流电压，线圈中产生的电流只和线圈的阻值有关，当线圈的阻值一定时，线圈的励磁电流 I 就是一定的，当线圈的匝数 N 一定时，那么磁路的磁通势 $F_m = NI$ 一定，它不会受到气隙变小的影响。

根据磁路的基尔霍夫第二定律有，当磁路总的磁通势 F_m 不变时，磁路总的磁压 U_m 也不变，但由于空气的磁导率远小于铁心的磁导率，因此气隙的磁阻成为磁路磁阻的主要组成部分。气隙变小，磁路中的磁阻 R_m 也随着减小。由磁路欧姆定律 $U_m = \Phi R_m$ 可知，当 R_m 减小时，磁通 Φ 将增大。

4.2 铁心线圈及电磁铁

4.2.1 直流铁心线圈和直流电磁铁

1. 直流铁心线圈

直流铁心线圈就是由直流励磁的铁心线圈，当铁心和线圈的结构、尺寸、材料均确定不变时，如果线圈两端的电压一定，那么励磁电流一定，磁通势一定，磁通也一定，此类磁路称为恒定磁通磁路。

对于恒定磁通的磁路，我们常常遇到的是已知磁路的磁通（或磁感应强度），需要计算磁通势（或励磁电流）这一类问题，此类问题的一般计算步骤为

1) 根据磁路各部分的材料和截面积的不同进行分段，每一段都应具有相同的材料和截面积，并计算各段的长度及截面积。其中的长度指平均长度，即中心线的长度；截面积是指有效截面积，如果磁路是实心的，如由铸铁或铸钢构成，那么有效面积就等于几何面积（由几何尺寸直接算出）；如果磁路不是实心，如由硅钢片叠成的，由于硅钢片上涂有绝缘漆，绝缘漆膜会占据一定的空间，导致磁路的有效面积要小于它的几何面积，计算方法为

$$\text{有效面积} = \text{几何面积} \times K$$

这里的 K 称为填充系数，它随硅钢片厚度和绝缘层厚度而定，一般对于 0.5mm 厚度的硅钢片，可取 $K = 0.91 \sim 0.92$；对于 0.35mm 厚度的硅钢片，可取 $K = 0.85$；如果磁路中存在空气隙（简称气隙），则磁通向外扩张，造成边缘效应，如图 4-13a 所示，增大了有效面积。例如磁路的截面积为矩形，如图 4-13b 所示，宽为 a，高为 b，气隙长为 δ，其磁路有效面积的计算方法为

$$\text{矩形气隙有效面积} = (a+\delta)(b+\delta) \approx ab + (a+b)\delta \tag{4-14}$$

再例如磁路的截面积为圆形，半径为 r，气隙长为 δ，则气隙的有效面积为

$$\text{圆形气隙有效面积} = \pi\left(r+\frac{\delta}{2}\right)^2 \approx \pi r^2 + \pi r\delta \tag{4-15}$$

2) 根据已知磁通和已经计算出的各磁路各段截面积，利用公式 $B = \dfrac{\Phi}{S}$ 求磁路各段的磁感应强度（注意计算时是否考虑漏磁通的影响）。

3) 根据各段磁路材料的磁化曲线，查与 B 相对应的磁场强度 H，如果是气隙，计算出

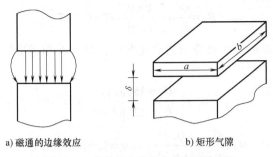

图 4-13 磁通的边缘效应和矩形气隙

的磁场强度记为 B_0,磁导率近似为真空的磁导率 μ_0,则磁场强度 H_0 为

$$H_0 = \frac{B_0}{\mu_0} = \frac{B_0}{4\pi \times 10^{-7}} \approx 0.8 \times 10^6 B_0 \tag{4-16}$$

4)根据磁路的基尔霍夫第二定律求磁通势,$\sum F_m = \sum U_m$。

例 4-4 已知磁路如图 4-14 所示,上段材料为硅钢片,下段材料是铸钢,求在该磁路中获得磁通 $\Phi = 2.0 \times 10^{-3}$ Wb 时,所需要的磁通势 F_m 是多少?若线圈的匝数为 1200 匝,则励磁电流应为多大?(硅钢片厚度为 0.35mm,对应的填充系数为 0.85)

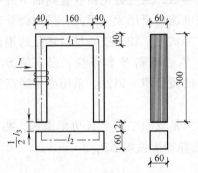

图 4-14 例 4-4 磁路

解:(1)按照截面和材料不同将磁路分为三段:即铁心 l_1,衔铁 l_2 和气隙 l_3;计算磁路各段的平均长度和截面积为

$$l_1 = (300-20) \times 2\text{mm} + (160+20+20)\text{mm} = 760\text{mm} = 0.76\text{m}$$
$$S_1 = 40 \times 60 \times 0.85 \text{mm}^2 = 2040 \text{ mm}^2 = 2.04 \times 10^{-3} \text{m}^2$$
$$l_2 = (160+20+20+30+30) \text{mm} = 260\text{mm} = 0.26\text{m}$$
$$S_2 = 60 \times 60 \text{mm}^2 = 3600 \text{ mm}^2 = 3.6 \times 10^{-3} \text{m}^2$$
$$l_3 = (2+2) \text{mm} = 4\text{mm} = 4 \times 10^{-3} \text{m}$$
$$S_3 = 40 \times 60 \text{mm}^2 + (40+60) \times 2\text{mm}^2 = 2600 \text{mm}^2 = 2.6 \times 10^{-3} \text{m}^2$$

(2)计算磁路各段的磁感应强度(忽略漏磁通)。

$$B_1 = \frac{\Phi}{S_1} = \frac{2.0 \times 10^{-3}}{2.04 \times 10^{-3}} \text{T} = 0.98\text{T}$$

$$B_2 = \frac{\Phi}{S_2} = \frac{2.0 \times 10^{-3}}{3.6 \times 10^{-3}} \text{T} = 0.56\text{T}$$

$$B_3 = \frac{\Phi}{S_3} = \frac{2.0 \times 10^{-3}}{2.6 \times 10^{-3}}\text{T} = 0.77\text{T}$$

（3）根据图 4-8 中的硅钢片和铸钢的磁化曲线，查与 B 相对应的磁场强度 H，以及计算气隙中的磁场强度。

$$H_1 = 350\text{A/m}$$
$$H_2 = 220\text{A/m}$$
$$H_3 = \frac{B_3}{\mu_0} = \frac{0.77}{4\pi \times 10^{-7}}\text{A/m} = 0.61 \times 10^6 \text{A/m}$$

（4）根据磁路的基尔霍夫第二定律求磁通势。

$$\begin{aligned} F_\text{m} &= H_1 l_1 + H_2 l_2 + H_3 l_3 \\ &= (350 \times 0.76 + 220 \times 0.26 + 0.61 \times 10^6 \times 4 \times 10^{-3})\text{ A} \\ &= 2763.2\text{A} \end{aligned}$$

当线圈的匝数 N 为 1200 时，励磁电流为

$$I = \frac{F_\text{m}}{N} = \frac{2763.2}{1200}\text{A} = 2.30\text{A}$$

试想，如果铁心材料选用铸铁，通过磁化曲线查到的 H_1、H_2 都要比硅钢片的铁心要大，那么会导致磁通势增大，励磁电流也要增大，因此，采用磁导率高的铁心材料，可以减小励磁电流，减少线圈的用铜量。再试想，如果铁心材料还是选用铸铁，励磁电流保持和硅钢片材料铁心一样，那么为了保持 H_1、H_2 和 H_3 都不变，必须使 B_1、B_2 和 B_3 都对应减小，由于磁通不变，所以只能增加铁心的截面积，因此，采用磁导率高的铁心材料，可使铁心的材料用量大为降低。

直流铁心线圈的功率损耗只是线圈电阻上有功率损耗，称为铜耗，用 ΔP_Cu 表示，显然 $\Delta P_\text{Cu} = I^2 R$；而铁心中无功率损耗即无铁损 ΔP_Fe。

2. 直流电磁铁

直流电磁铁就是利用通过直流电流的铁心线圈对铁磁物质产生电磁吸引力的设备，它由铁心、衔铁和线圈三部分组成，如图 4-15 所示。

可以证明，直流电磁铁的衔铁所受的吸引力为

$$F = \frac{B_0^2}{2\mu_0}S = \frac{B_0^2}{2 \times 4\pi \times 10^{-7}}S \qquad (4\text{-}17)$$

式中，B_0 为气隙的磁感应强度，单位为特斯拉（T）；S 为气隙磁场的截面积，单位平方米（m²）；F 为吸引力，单位为牛顿（N）。

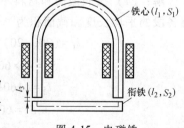

图 4-15 电磁铁

当衔铁不动时，直流电磁铁就是我们上面所讲的恒定磁通磁路，从例 4-4 中各段磁压可以看出，气隙段的磁压最高（$H_3 l_3 = 2440\text{A}$），占总磁压的 88%。直流电磁铁的衔铁是可动的，在吸合过程中气隙是逐渐变小的，但励磁电流和磁通势不变，这样就会导致磁通 Φ 和磁感应强度 B 均变大，衔铁的吸力也增大。

例 4-5 已知直流电磁铁的结构如图 4-15 所示，铁心和衔铁的材料均为铸钢，铁心的平均长度和截面积分别为 $l_1 = 400\text{mm}$，$l_2 = 100\text{mm}$，$l_3 = 2\text{mm}$，$S_1 = S_2 = 900\text{ mm}^2$，线圈的匝数

$N=2000$，考虑漏磁的影响，气隙和衔铁中的磁通只有铁心磁通的 90%，如果要想直流电磁铁产生的吸力 $F=1600\text{N}$，试计算励磁电流 I 应为多少？

解：不考虑气隙的边缘效应，则每个气隙的面积为

$$S_3 = S_1 = 900\text{mm}^2$$

根据直流电磁铁的衔铁所受的吸引力公式（4-17），气隙中的磁感应强度 B_3 为

$$B_3 = \sqrt{\frac{F \times 2 \times 4\pi \times 10^{-7}}{2S_3}} = \sqrt{\frac{1600 \times 2 \times 4\pi \times 10^{-7}}{2 \times 900 \times 10^{-6}}}\text{T} = 1.49\text{T}$$

气隙中的磁通 Φ_3 为

$$\Phi_3 = B_3 \times S_3 = 1.49 \times 900 \times 10^{-6}\text{Wb} = 1.34 \times 10^{-3}\text{Wb}$$

衔铁和铁心中的磁通和磁感应强度分别为

$$\Phi_1 = \frac{1.34 \times 10^{-3}}{0.9}\text{Wb} = 1.49 \times 10^{-3}\text{Wb}$$

$$\Phi_2 = 1.34 \times 10^{-3}\text{Wb}$$

$$B_1 = \frac{\Phi_1}{S_1} = \frac{1.49 \times 10^{-3}}{900 \times 10^{-6}}\text{T} = 1.66\text{T}$$

$$B_2 = \frac{\Phi_2}{S_2} = \frac{1.34 \times 10^{-3}}{900 \times 10^{-6}}\text{T} = 1.49\text{T}$$

通过图 4-8 的磁化曲线，由 B_1、B_2 查得：

$$H_1 = 6800\text{A/m}, H_2 = 3600\text{A/m}$$

通过 B_3 计算求得：

$$H_3 = \frac{B_3}{\mu_0} = \frac{1.49}{4\pi \times 10^{-7}}\text{A/m} = 1.19 \times 10^6 \text{A/m}$$

根据磁路的基尔霍夫第二定律有

$$IN = H_1 l_1 + H_2 l_2 + 2H_3 l_3$$

$$I = \frac{H_1 l_1 + H_2 l_2 + 2H_3 l_3}{N}$$

$$= \frac{6800 \times 400 \times 10^{-3} + 3600 \times 100 \times 10^{-3} + 2 \times 1.19 \times 10^6 \times 2 \times 10^{-3}}{2000}\text{A}$$

$$= 3.92\text{A}$$

4.2.2 交流铁心线圈和交流电磁铁

1. 交流铁心线圈

交流铁心线圈就是由交流励磁的铁心线圈。交流铁心线圈由于是交流励磁，产生交变的磁通，将在线圈中产生感应电动势，这个感应电动势会反过来影响电路中的电流，不仅如此，功率损耗除了线圈的电阻损耗外，铁心也会有损耗（铁心发热），因此交流铁心线圈在电磁关系、电压电流关系及功率损耗等几个方面和直流铁心线圈都有很大的不同。

（1）电磁关系 图 4-16 所示交流铁心线圈，我们先来讨论其中的电磁关系。磁通势 Ni 产生的磁通绝大部分通过铁心而闭合，这部分磁通称为主磁通或工作磁通 Φ，此外还有很

少的一部分磁通经过空气而闭合，这部分磁通称为漏磁通 Φ_σ。这两部分交变磁通在线圈中产生两个感应电动势：主磁电动势 e 和漏磁电动势 e_σ。交流铁心线圈电磁关系表示如下：

$$u \to i(Ni) \begin{cases} \Phi \to e = -N\dfrac{\mathrm{d}\Phi}{\mathrm{d}t} \\ \Phi_\sigma \to e_\sigma = -N\dfrac{\mathrm{d}\Phi_\sigma}{\mathrm{d}t} = -L_\sigma \dfrac{\mathrm{d}i}{\mathrm{d}t} \end{cases} \quad (4\text{-}18)$$

因为空气的磁导率是常数，所以励磁电流 i 与 Φ_σ 之间可以认为呈线性关系，铁心线圈的漏磁电感为

$$L_\sigma = \dfrac{N\Phi_\sigma}{i} = 常数 \quad (4\text{-}19)$$

但铁心磁导率不是常数，所以励磁电流与主磁通之间不存在线性关系。铁心线圈的主磁电感不是一个常数，它随励磁电流而变化的关系与磁导率随磁场强度而变化的关系（图4-6）相类似。因此，交流铁心线圈是一个非线性电感元件。

（2）电压与电流的关系　如图 4-16 所示的铁心线圈，电路的电压和电流之间的关系可由基尔霍夫电压定律得出：

$$u + e_\sigma + e = Ri$$
$$u = Ri + (-e_\sigma) + (-e) = u_R + u_\sigma + u' \quad (4\text{-}20)$$

由此可见，电源电压 u 可分为三个部分：$u_R = iR$ 是电阻上的电压降；$u_\sigma = -e_\sigma$，是漏磁电动势的电压；$u' = -e$，是主磁电动势的电压。根据楞次定律，感应电动势具有阻碍电流变化的物理性质，所以电源电压必须分出一部分来平衡它们。

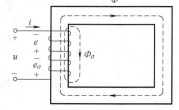

图 4-16　交流铁心线圈

（3）电压与磁通的关系　通常线圈的电阻 R 和漏磁通 Φ_σ 均较小，因而 u_R 和 u_σ 也较小，与主磁电动势电压相比可以忽略不计，于是有

$$u = u' = -e$$

当选择电压 u、电流 i、磁通 Φ 及感应电动势 e 的参考方向如图 4-16 所示时，有：

$$u = u' = -e = N\dfrac{\mathrm{d}\Phi}{\mathrm{d}t}$$

式中，N 为线圈的匝数。由上式可以看出，电压为正弦量时，磁通也为正弦量，设：

$$\Phi = \Phi_\mathrm{m}\sin\omega t$$

则有

$$u = N\dfrac{\mathrm{d}\Phi}{\mathrm{d}t} = N\dfrac{\mathrm{d}}{\mathrm{d}t}(\Phi_\mathrm{m}\sin\omega t)$$
$$= \omega N\Phi_\mathrm{m}\sin\left(\omega t + \dfrac{\pi}{2}\right)$$

可见电压的相位比磁通超前 $\dfrac{\pi}{2}$，电压的有效值为

$$U = \dfrac{\omega N\Phi_\mathrm{m}}{\sqrt{2}} = \dfrac{2\pi f N\Phi_\mathrm{m}}{\sqrt{2}} = 4.44 f N\Phi_\mathrm{m} \quad (4\text{-}21)$$

式（4-21）表明：电源的频率及线圈的匝数一定时，线圈主磁通的最大值和线圈两端电压有

效值成正比，而与铁心的材料和尺寸无关。

（4）功率损耗　在交流铁心线圈中，功率损耗包括两部分，一是线圈上的功率损耗，即工作时线圈电阻有功率损耗，称为铜损，用 ΔP_{Cu} 表示，显然 $\Delta P_{Cu} = I^2 R$；二是铁心上的功率损耗，称为铁损，用 ΔP_{Fe} 表示，铁损又分为磁滞损耗和涡流损耗。

1) 磁滞损耗。铁磁物质交变磁化时，矫顽力不断做功消耗的能量叫磁滞损耗。可以证明，交变磁化一周在铁心单位体积内所产生的磁滞损耗能量与磁滞回线所包围的面积成正比。磁滞损耗要引起铁心发热。为了减小磁滞损耗，应选用磁滞回线狭小的磁性材料制造铁心。硅钢就是变压器和电动机中常用的铁心材料，其磁滞损耗较小。

2) 涡流损耗。由涡流所产生的铁损称为涡流损耗。这是因为当线圈中通有交流时，它所产生的磁通也是交变的。这不仅要在线圈中产生感应电动势，而且在铁心内也要产生感应电动势，并在铁心内的闭合回路中形成电流，这种电流称为涡流，它在垂直于磁通方向的平面内环流着，也会引起能量损耗。涡流损耗不但引起铁心发热，还会削弱内部磁场，降低设备效率。

2. 交流电磁铁

交流电磁铁就是由交流励磁的电磁铁。当交流电磁铁的线圈两端加上正弦交流电压时，那么在磁路中产生同频率的正弦变化的磁通，磁路中各处的磁感应强度也必然按同频率正弦规律变化，设衔铁和铁心间气隙处的磁感应强度 B_0 为

$$B_0 = B_m \sin\omega t$$

根据电磁铁的吸力公式有

$$F = \frac{B_0^2}{2\mu_0}S = \frac{B_m^2 S}{2\mu_0}\sin^2\omega t$$

$$= \frac{B_m^2 S}{4\mu_0}(1-\cos 2\omega t) \tag{4-22}$$

从交流电磁铁的瞬时吸力公式（4-22）可以看出，瞬时吸力的变化频率是电源电压变化频率的两倍，当 $\cos 2\omega t = 1$ 时，瞬时吸力为零，也就是说在电源变化的一个周期内，电磁铁的瞬时吸力有两个过零点，同样也有两个最大值点。但由于瞬时吸力 $F \geq 0$，所以瞬时吸力的方向始终不变。

电磁铁吸力的平均值为

$$F_{av} = \frac{1}{T}\int_0^T F dt = \frac{1}{T}\int_0^T \frac{B_m^2 S}{4\mu_0}(1-\cos 2\omega t) dt$$

$$= \frac{B_m^2 S}{4\mu_0} \tag{4-23}$$

从交流电磁铁的平均吸力公式（4-23）可以看出，平均吸力是最大吸力的一半。

由于交流电磁铁吸力的周期性变化，必然要引起衔铁的振动，产生噪声和机械损伤。为了消除这种现象，在铁心的端面装嵌一个短路环（铜环），如图4-17所示。

装了短路环，磁通就分成不穿过短路环的 Φ' 和穿过短路环的 Φ'' 两部分，由于磁通的变化，短路环内要产生感应电流，这个感应电流要阻碍穿过短路环的 Φ'' 的变化，这样就会使 Φ'' 的变化滞后于 Φ' 的变化，使得这两部分磁通不同时到达零值，就不会有吸力为零的时候，

这样就减小了交流电磁铁的振动和噪声。

例 4-6 已知交流电磁铁的结构也如图 4-15 所示，铁心的材料为硅钢片，衔铁的材料为铸钢，铁心和衔铁的截面积 $S_1 = S_2 = 900\text{mm}^2$，线圈的匝数 $N = 2000$，不考虑漏磁和线圈电阻的影响，也不考虑气隙的边缘效应，如果要想交流电磁铁产生的平均吸力 $F = 100\text{N}$，试计算线圈两端应加多大的工频正弦交流电压值？

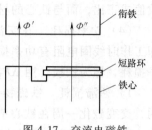

图 4-17 交流电磁铁的短路环

解：由于不考虑气隙的边缘效应，则每个气隙的面积：$S_3 = S_1 = 900\text{mm}^2$。

根据交流电磁铁的平均吸力公式（4-23）有

$$F_{av} = \frac{B_m^2 \times (2S_3)}{4\mu_0} = \frac{\left(\frac{\Phi_m}{S_3}\right)^2 \times 2S_3}{4\mu_0} = \frac{\Phi_m^2}{2\mu_0 S_3}$$

$$\Phi_m = \sqrt{2\mu_0 S_3 F_{av}} = \sqrt{2 \times 4\pi \times 10^{-7} \times 900 \times 10^{-6} \times 100}\text{ Wb} = 0.48 \times 10^{-3}\text{ Wb}$$

根据式（4-21）有

$$U = 4.44 fN\Phi_m = 4.44 \times 50 \times 2000 \times 0.48 \times 10^{-3}\text{V} = 213.12\text{V}$$

从上例中可以看出，交流电磁铁的吸力只和磁通的最大值及气隙的面积有关，而磁通的最大值和电源的频率、线圈的匝数及线圈两端的电压有关，和磁路的材料、结构尺寸无关，但磁路的材料、结构尺寸会影响到磁路的磁阻，当磁阻增大时，会导致励磁电流的增大。如交流电磁铁通电后未吸合时的励磁电流要比吸合后的大，原因是未吸合时，磁路中气隙的影响使得磁阻增大，励磁电流必然增大。如某种原因（机械卡死）导致衔铁长时间不能吸合，就会使电流长期偏大，线圈过热而损坏。

4.3 变压器

4.3.1 变压器的结构及工作原理

变压器是一种常见的电气设备，在电力系统和电子线路中应用广泛。在电力系统输电方面，当输送功率 P 及负载功率因数 $\cos\varphi$ 一定时，输送电压 U 越高，则线路电流 I 越小。这不仅可以减小输电线的截面积，节省材料，同时还可减小线路的功率损耗，因此在输电时采用高压输电，利用变压器将电压升高；在用电方面，为了保证用电的安全和合乎用电设备的电压要求，还要利用变压器将电压降低。在电子线路中，变压器主要实现的是信号的传递及阻抗的匹配。变压器除了能够变换电压外，还具有变换电流、变换阻抗的作用。

1. 变压器的基本结构

变压器因使用的场合、工作要求不同，其结构是多种多样的，但是，最基本的结构都是由铁心和绕在铁心上线圈（又称绕组）组成的，图 4-18 是它的示意图及符号。

铁心是变压器的磁路部分，为了使铁心具有较高的导磁性能，而且具有较小铁损（涡

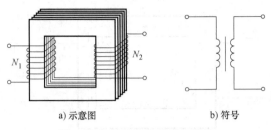

图 4-18 变压器的示意图和符号

流损耗和磁滞损耗),铁心一般采用涂有绝缘漆膜的硅钢片(厚度为 0.35mm 或 0.5mm)交错叠成。常见的硅钢片的形状及叠成铁心的形状如图 4-19 所示。

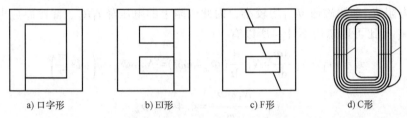

图 4-19 硅钢片及叠成铁心的形状

绕组是变压器的电路部分,通常是用涂有绝缘漆膜或绝缘皮的铜线或铝线绕制而成。与电源连接的绕组称为一次绕组(也称为原绕组、初级绕组);与负载连接的绕组称为二次绕组(也称副绕组、次级绕组)。绕组的形状有筒形和盘形两种,如图 4-20 所示。筒形绕组又称为同心式绕组,一、二次绕组套在一起;盘形绕组又称交叠式绕组,一、二次绕组分层交叠在一起。根据实际需要,一个变压器可以只有一个绕组,如自耦变压器,也可以有多个二次绕组输出不同的电压。

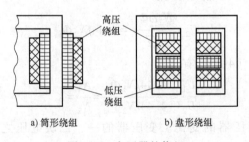

图 4-20 变压器的绕组

2. 变压器的工作原理

图 4-21 是变压器的工作原理图。当一次绕组接上正弦交流电压 u_1 时,产生电流 i_1,一次绕组的磁通势 $N_1 i_1$ 产生的磁通大部分通过铁心而闭合,从而在二次绕组中产生感应电动势。如果二次绕组中接有负载,那么二次绕组中就会有电流 i_2,二次绕组的磁通势 $N_2 i_2$ 产生的磁通大部分也通过铁心而闭合,这样,铁心中的磁通是一个由一、二次绕组磁通势共同产生的合成磁通,称为主磁通 Φ,它穿过一、二次绕组而产生的感应电动势分别为 e_1 和 e_2。此外,一次绕组的磁通势还产生漏磁通 $\Phi_{\sigma 1}$,二次绕组的磁通势还产生漏磁通 $\Phi_{\sigma 2}$。

(1)电压变换 对于一次侧电路,根据基尔霍夫电压定律有

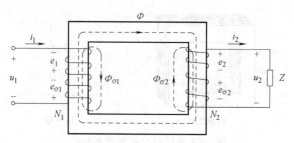

图 4-21 变压器的原理图

$$u_1 + e_1 + e_{\sigma 1} = i_1 R_1$$

式中，R_1 是一次绕组的电阻；$e_{\sigma 1}$ 是漏磁通 $\Phi_{\sigma 1}$ 产生的电动势（称漏磁感应电动势）。由于一次绕组的电阻 R_1 和漏磁通 $\Phi_{\sigma 1}$ 均较小，因此电阻上的电压降 $i_1 R_1$、漏磁感应电动势 $e_{\sigma 1}$ 和主磁电动势 e_1 相比可以忽略不计，所以有

$$u_1 \approx -e_1 = N_1 \frac{d\Phi}{dt} = N_1 \frac{d}{dt}(\Phi_m \sin\omega t) = N_1 \omega \Phi_m \sin\left(\omega t + \frac{\pi}{2}\right)$$

$$U_1 \approx \frac{N_1 \omega \Phi_m}{\sqrt{2}} = 4.44 f N_1 \Phi_m \tag{4-24}$$

对于二次侧电路，根据基尔霍夫电压定律有

$$e_2 + e_{\sigma 2} = R_2 i_2 + u_2$$

式中，R_2 是二次绕组的电阻，$e_{\sigma 2}$ 是漏磁通 $\Phi_{\sigma 2}$ 产生的电动势（称漏磁感应电动势）。当变压器空载时，二次绕组的电流 $i_2 = 0$，二次绕组电阻的压降和漏磁感应电动势均为零，此时二次侧的绕组电压记为 u_2，所以有

$$u_2 = e_2 = N_2 \frac{d\Phi}{dt} = N_2 \frac{d}{dt}(\Phi_m \sin\omega t) = N_2 \omega \Phi_m \sin\left(\omega t + \frac{\pi}{2}\right)$$

$$U_2 = \frac{N_2 \omega \Phi_m}{\sqrt{2}} = 4.44 f N_2 \Phi_m \tag{4-25}$$

根据式（4-24）和式（4-25）有

$$\frac{U_1}{U_2} \approx \frac{4.44 f N_1 \Phi_m}{4.44 f N_2 \Phi_m} = \frac{N_1}{N_2} = K \tag{4-26}$$

式（4-26）中的 K 称为变压器的变比。变压器的一、二次电压之比等于对应绕组的匝数之比。

（2）电流变换　当变压器空载运行时，磁路的主磁通 Φ 是由一次侧磁通势 $N_1 i_0$ 产生的，其中 i_0 称为空载励磁电流；当变压器有载运行时，由于二次侧有了电流，此时磁路的主磁通 Φ 是由一次侧和二次侧的磁通势共同产生的，即 $N_1 i_1 + N_2 i_2$ 共同产生。无论变压器在空载还是有载运行时，一次侧电路在忽略 R_1 和 $\Phi_{\sigma 1}$ 的影响时，$U_1 \approx 4.44 f N_1 \Phi_m$，就是说，当变压器的输入电压 U_1 和频率 f 不变时，Φ_m 接近于常数。因此，变压器有载时产生主磁通 Φ 的一、二次侧合成磁通势（$N_1 i_1 + N_2 i_2$）和空载时产生主磁通 Φ 的一次侧磁通势 $N_1 i_0$ 应近似相等，即

$$N_1 i_1 + N_2 i_2 \approx N_1 i_0 \tag{4-27}$$

由于变压器的铁心选用高导磁性的硅钢片制成，所以变压器的空载励磁电流是很小的，

和有载时的一次电流 i_1 相比可以忽略,所以有

$$N_1 i_1 \approx -N_2 i_2$$
$$I_1 N_1 \approx I_2 N_2 \tag{4-28}$$

由式(4-28)可得,变压器有载运行时,一、二次电流之比为

$$\frac{I_1}{I_2} \approx \frac{N_2}{N_1} = \frac{1}{K} \tag{4-29}$$

式(4-29)表明,变压器有载时一、二次电流之比等于它们对应绕组匝数比的倒数,也就是变比的倒数。

(3)阻抗变换 如果我们把变压器和负载看成是一个整体,那么对于正弦交流电源而言,整体负载的阻抗(用 $|Z'|$ 来表示)为

$$|Z'| = \frac{U_1}{I_1} = \frac{\frac{N_1}{N_2}U_2}{\frac{N_2}{N_1}I_2} = \left(\frac{N_1}{N_2}\right)^2 \frac{U_2}{I_2} = \left(\frac{N_1}{N_2}\right)^2 |Z| \tag{4-30}$$

式(4-30)表明,实际的阻抗 $|Z|$,如果从变压器的一次侧来看,就相当于变成了 $|Z'| = \left(\frac{N_1}{N_2}\right)^2 |Z| = K^2 |Z|$,即通过变压器实现了负载阻抗的变换作用。

例 4-7 正弦信号源的电压 $U_S = 10V$,信号源的内阻为 $R_S = 400\Omega$,负载电阻 $R_L = 4\Omega$,为了使负载能够获得最大的功率,需要在信号源和负载之间接入一个变压器,如图 4-22 所示。试求:

(1)变压器的变比 K。

(2)变压器一、二次电压、电流有效值和负载 R_L 的功率。

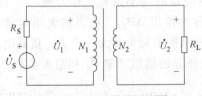

图 4-22 变压器的原理图

解:(1)根据最大功率输出定理,当负载的电阻等于信号源内阻时,负载能够获得最大的功率,则有

$$K^2 R_L = R_S$$
$$K = \sqrt{\frac{R_S}{R_L}} = \sqrt{\frac{400}{4}} = 10$$

(2)把变压器和负载看成是一个整体负载(等效负载),这个等效负载的阻值相当于 400Ω,所以 U_S 被这个等效负载和内阻 R_S 平分,即

$$U_1 = \frac{400}{400+R_S}U_S = \frac{400}{400+400} \times 10V = 5V$$

$$U_2 = \frac{1}{K}U_1 = \frac{1}{10} \times 5V = 0.5V$$

$$I_2 = \frac{U_2}{R_L} = \frac{0.5}{4}\text{A} = 0.125\text{A}$$

$$I_1 = \frac{1}{K}I_2 = \frac{1}{10} \times 0.125\text{A} = 0.0125\text{A}$$

$$P_{R_L} = I_2^2 R_L = 0.125^2 \times 4\text{W} = 0.0625\text{W}$$

4.3.2 变压器的运行特性及种类

1. 变压器的运行特性

(1) 变压器的外特性　当变压器运行时，随着负荷的加重，一、二次绕组的电流都在增大，同时一、二次绕组上电阻的压降也增大。这会导致磁路中的主磁通会略有减小，同样会导致主磁通在一、二次绕组上的电动势也略有减小，更会导致二次绕组的端电压随着电流的增加而逐渐变小，严重时会影响到负载的正常工作。

当电源电压 U_1 和负载功率因数 $\cos\varphi$ 不变时，二次绕组的端电压 U_2 和电流 I_2 的变化关系可用外特性曲线 $U_2 = f(I_2)$ 来表示，如图 4-23 所示。

通常希望电压 U_2 的变动越小越好。从空载到额定负载，二次绕组电压的变化程度用电压变化率 ΔU 来表示，即

$$\Delta U = \frac{U_{20} - U_2}{U_{20}} \times 100\% \quad (4\text{-}31)$$

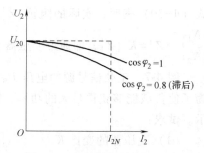

图 4-23　变压器的外特性曲线

在一般的变压器中，由于绕组的电阻和漏磁均较小，因此，电压变化率都不大，约为 5%。

(2) 变压器的损耗与效率　变压器在运行时和交流铁心线圈一样，功率损耗包括绕组的功率损耗，称为铜损 ΔP_{Cu}；铁心的功率损耗，称为铁损 ΔP_{Fe}。铁损的大小与铁心内的磁感应强度的最大值 B_m 有关，与负载大小无关，而铜损则与负载大小有关，负载电流越大，铜损越大。

变压器的效率 η 定义为变压器的输出功率 P_1 和输入功率 P_2 的比值，即

$$\eta = \frac{P_2}{P_1} \times 100\% = \frac{P_2}{P_2 + \Delta P_{Cu} + \Delta P_{Fe}} \times 100\% \quad (4\text{-}32)$$

变压器的功率损耗很小，所以效率很高，通常在 95% 以上。在一般的电力变压器中，当负载为额定负载的 50%~75% 时，效率达到最大值。

2. 变压器的种类

(1) 变压器的分类

1) 根据铁心和绕组的组合结构不同，变压器分为芯式和壳式两种。图 4-24a 所示是芯式变压器，特点是线圈包围铁心。功率较大的变压器多采用芯式结构，以减小铁心体积，节省材料。图 4-24b 所示是壳式变压器，特点是铁心包围线圈，这种结构变压器可以不要专门的变压器外壳，仅用于小功率的变压器。

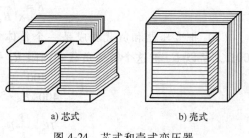

a) 芯式　　　　b) 壳式

图 4-24　芯式和壳式变压器

2）根据变压器供电电源的不同，变压器分为单相变压器和三相变压器两种。前面所讲的都是由单相电源供电的变压器，称为单相变压器；如果是由三相电源供电的变压器，就称为三相变压器，如图 4-25 所示。三相变压器的一次侧三相绕组有星形或三角形两种连接方式；同样二次侧三相绕组也有星形或三角形两种连接方式。三相变压器的每一相（如 AX 和 ax 相）的电压变换关系和单相变压器是一样的。

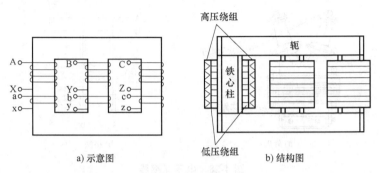

图 4-25 三相变压器

（2）几种特殊变压器

1）自耦变压器。自耦变压器最大的结构特点就是一、二次绕组共用，如果是降压变压器，二次绕组是一次绕组的一部分，如图 4-26 所示。它的一、二次电压和电流之比仍为

$$\frac{U_1}{U_2} \approx \frac{N_1}{N_2} = K, \quad \frac{I_1}{I_2} \approx \frac{N_2}{N_1} = \frac{1}{K}$$

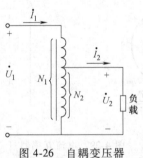

图 4-26 自耦变压器

实验室常用的调压器就是一种可改变二次绕组匝数的自耦变压器，其外形和电路如图 4-27 所示。

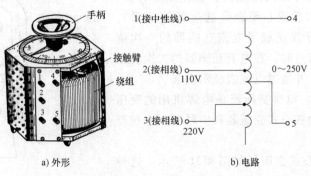

图 4-27 自耦变压器

2）电压互感器。电压互感器（用 TV 表示，旧时用 PT 表示）和变压器很相像，都是用来变换电路上的电压的。但是变压器变换电压的目的是为了输送电能，而电压互感器变换电压的目的，是用来将高压变成低压后，在二次侧接测量仪表，以便用低压量值的变化反映高压量值的变化，用来测量电路的电压、功率和电能。图 4-28 就是电压互感器的外形和接法，电压互感器的二次侧 ab 两端接一个电压表就可以测量出一次侧的电压。

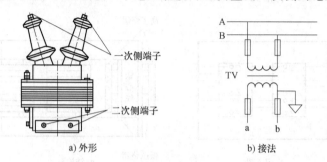

图 4-28　电压互感器

3）电流互感器。电流互感器（用 TA 表示，旧时用 CT 表示）是根据变压器的工作原理制成的，用来将电路上的大电流变换为小电流，在二次侧接测量仪表，以便用小电流值的变化反映大电流值的变化，用来测量电路的电流、功率和电能。电流互感器在工作时，它的二次侧回路始终是闭合的，不可开路。图 4-29 就是电流互感器的外形和接法，电流互感器的二次侧接一个电流表就可以测量出一次侧的电流。

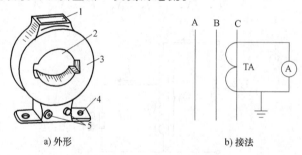

图 4-29　电流互感器

1—铭牌　2——次母线穿孔　3—铁心　4—安装孔　5—二次接线端

钳形电流表，如图 4-30 所示，是电流互感器的一种变形。它的铁心如同一个可以开口的钳子，当要测量某导线的电流时，就把铁心打开，使导线穿入铁心，然后铁心闭合（通过弹簧压紧），此时，穿入铁心的导线就成了电流互感器的一次绕组，当导线有电流流过时，在电流互感器的二次绕组感应出相应的电流，并通过电流表显示出来。

4）电焊变压器。电焊变压器是电焊机用的变压器。一般分磁分路动铁心式变压器和串联可变电抗器变压器两种。

① 磁分路动铁心式变压器如图 4-31 所示。这种变压器的二次绕组分两部分，一部分和一次绕组套同

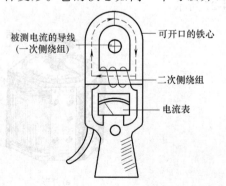

图 4-30　钳形电流表

一铁心柱上,另一部分绕组套在另一铁心柱上,中间有抽头。改变二次绕组的接法一方面可以改变电焊机的空载起弧电压;另一方面可以粗调焊接电流。这种变压器还有一个可移动的铁心柱,它可以使铁心中的磁通分岔,移动这个铁心柱,可以实现焊接电流的细调。

② 串联可变电抗器变压器如图 4-32 所示。它实质上由一个变压器和一个可变电抗器组成,主要是通过调整可变电抗器来调节焊接电流。

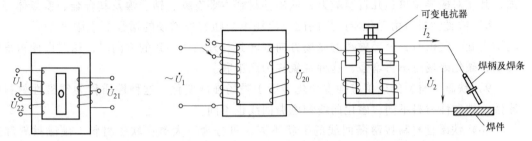

图 4-31 磁分路动铁心式变压器　　图 4-32 串联可变电抗器变压器

5) 隔离变压器。隔离变压器的原理和普通变压器的原理是一样的。隔离变压器一般都是变比 $K=1$ 的变压器,不起变换作用,只起到和大地的隔离作用。由于给我们供电的电源的中性线(俗称零线)在变压器侧就和大地相连,这样就会使得电源的相线(俗称火线)和大地之间的电压达到电源的相电压。在维修功率不大的用电设备时,我们采用隔离变压器给它供电,这样就使得用电设备的带电部分和大地之间无电压,保证了安全。

模块4 小　　结

1. 磁路及其分析法

1) 磁路就是利用导磁性能较好的铁磁性物质做成一定形状的铁心,磁通的绝大部分经过铁心而形成闭合通路,这种人为造成磁通的路径称为磁路。

2) 磁感应强度是表示磁场内某点磁场强弱和方向的物理量,它是一个矢量,用 B 表示。它的方向定义为:在磁场内某点放置一个检验小磁针,小磁针 N 极的指向,就是该点的磁感应强度方向;它的大小定义为:在磁场内某点放置一小段长度为 Δl、电流为 I 并与磁感应强度方向垂直的导体,如果导体所受的力为 ΔF,则该点的磁感应强度大小为 $B=\dfrac{\Delta F}{I\Delta l}$。在国际单位制中,磁感应强度的单位为特斯拉(T)。

3) 设在磁感应强度为 B 的匀强磁场中,有一个面积为 S 且与磁场方向垂直的平面,磁感应强度 B 与面积 S 的乘积,称为穿过这个面积的磁通量,简称磁通。磁通用 Φ 表示,$\Phi = BS$。在国际单位制中,磁通的单位为韦伯(Wb)。

4) 磁导率是表示磁介质导磁性能的物理量,用 μ 表示,在国际单位制中,磁导率的单位为亨利/米(H/m)。真空磁导率是一个常数,用 μ_0 表示,$\mu_0 = 4\pi \times 10^{-7}$ H/m。

5) 磁场强度的定义为:在任何磁介质中,磁场中某点的磁场感应强度 B 与同一点上的磁导率 μ 的比值称为该点的磁场强度。用 H 表示,它是矢量,它的方向与 B 的方向相同,它的大小为:$H = \dfrac{B}{\mu}$。在国际单位制中,磁场强度的单位为安培/米(A/m)。

6）载流长直导线的磁场强度公式：$H=\dfrac{i}{2\pi r}$；载流长螺线管内的磁场强度公式：$H=\dfrac{Ni}{l}$；载流环形螺线管内的磁场强度公式：$H=\dfrac{Ni}{2\pi r}$。

7）非磁性材料的导磁性能较差，其相对磁导率近似等于1，铁磁性材料的导磁性能很强，其相对磁导率可达几百至数万，铁磁性材料主要有铁、钴、镍及其合金、铁氧体等。

8）铁磁性材料由磁化所产生的磁化磁场不会随着外磁场的增强而无限地增强。当外磁场增大到一定值时，全部磁畴的磁场方向都转到与外磁场一致的方向时，这时即便再增强外磁场，磁化磁场也不再增强，这种现象称为磁饱和。

9）铁磁性材料的磁感应强度变化滞后于磁场强度变化，这种性质称为铁磁性材料的磁滞性；铁磁性材料不同，磁化曲线和磁滞回线也不同。

10）铁磁性材料按磁滞回线的形状不同，可分为三大类：软磁材料、硬磁材料和矩磁材料。

11）磁路的基尔霍夫第一定律：磁路中的任意节点，任何时刻，穿入节点的磁通之和等于穿出节点的磁通之和，即 $\sum \Phi_{穿入}=\sum \Phi_{穿出}$；或者说节点的磁通的代数和为零，可以规定穿入为正，那么穿出为负，即 $\sum \Phi=0$。

12）磁路的基尔霍夫第二定律：磁路中沿任意闭合回路的磁压 U_m 的代数和等于磁通势 F_m 的代数和，即 $\sum U_m=\sum F_m$。

13）磁路的欧姆定律：磁路的磁压、磁通及磁阻间的关系为 $U_m=\Phi R_m$。由于铁磁性物质的磁导率 μ 随着励磁电流的变化而变化，不是定值，所以磁阻也不是定值，因此，磁路的欧姆定律不能用于磁路的定量计算，只能用于定性分析。

2. 铁心线圈及电磁铁

1）直流铁心线圈就是由直流励磁的铁心线圈，当铁心和线圈的结构、尺寸、材料均确定不变时，如果线圈两端的电压一定，那么励磁电流一定，磁通势一定，磁通也一定，此类磁路称为恒定磁通磁路。

2）对于恒定磁通的磁路，我们常常遇到的是已知磁路的磁通（或磁感应强度），需要计算磁通势（或励磁电流）这一类问题。

3）直流铁心线圈的功率损耗只是线圈的电阻上有功率损耗，称为铜耗，用 ΔP_{Cu} 表示，显然 $\Delta P_{Cu}=I^2R$；而铁心中无功率损耗即无铁损 ΔP_{Fe}。

4）直流电磁铁就是利用通过直流电流的铁心线圈对铁磁物质产生电磁吸引力的设备，它由铁心、衔铁和线圈三部分组成。

5）直流电磁铁的吸力公式为：$F=\dfrac{B_0^2}{2\mu_0}S=\dfrac{B_0^2}{2\times 4\pi\times 10^{-7}}S$。

6）交流铁心线圈就是由交流励磁的铁心线圈。交流铁心线圈最重要的公式为：$U=4.44fN\Phi_m$，它表明：在电源的频率及线圈的匝数一定时，线圈主磁通的最大值和线圈两端电压有效值成正比，而与铁心的材料和尺寸无关。

7）交流电磁铁就是由交流励磁的电磁铁。交流电磁铁的平均吸力公式为：$F_{av}=\dfrac{B_m^2 S}{4\mu_0}$。

8）交流电磁铁的吸力只和磁通的最大值及气隙的面积有关，而磁通的最大值和电源的频率、线圈的匝数及线圈两端的电压有关,和磁路的材料、结构尺寸无关,但磁路的材料、结构尺寸会影响到磁路的磁阻,当磁阻增大时,会导致励磁电流的增大。

3. 变压器

1)变压器最基本的结构都是由铁心和绕在铁心上线圈(又称绕组)组成。铁心是变压器的磁路部分,绕组是变压器的电路部分。

2)变压器是根据电磁感应原理来工作的,它具有变换电压、变换电流和变换阻抗的作用。

3)变压器的变比 K 定义为一、二次绕组的匝数之比,即 $K=\dfrac{N_1}{N_2}$。变压器一、二次电压之比等于变比;一、二次电流之比等于变比的倒数;一、二次侧阻抗之比等于变比的平方。

4)变压器的功率损耗也包括绕组的电阻的损耗,称为铜损,记为 ΔP_{Cu};铁心的损耗,称为铁损,记为 ΔP_{Fe},铁损又包括磁滞损耗和涡流损耗。铁损的大小与铁心内的磁感应强度的最大值 B_m 有关,与负载大小无关,而铜损则与负载大小有关,负载电流越大,铜损越大

5)变压器的效率 η 定义为变压器的输出功率 P_1 和输入功率 P_2 的比值,即 $\eta=\dfrac{P_2}{P_1}\times 100\%=\dfrac{P_2}{P_2+\Delta P_{Cu}+\Delta P_{Fe}}\times 100\%$。

6)常见的特殊变压器有:自耦变压器、电压互感器、电流互感器、电焊变压器和隔离变压器等。

模块4 习 题

4-1 什么是磁路?磁路一定是闭合的吗?

4-2 磁场中的基本物理量有哪些?它们是如何定义的?它们的单位是什么?

4-3 什么是铁磁性材料的磁化性、磁饱和性和磁滞性?

4-4 根据物质相对磁导率的不同,可以把自然界中的物质分成哪三类?按磁滞回线形状的不同,铁磁性材料又可分为哪三类?

4-5 简述磁路的基尔霍夫第一定律、磁路的基尔霍夫第二定律和磁路的欧姆定律的内容,并写出表达式。

4-6 为什么空心线圈的电感是常数,而铁心线圈的电感不是常数?铁心线圈在未达到饱和与达到饱和时,哪个电感大?

4-7 有两个同材料的铁心线圈,线圈匝数 $N_1=N_2$,磁路平均长度 $l_1=l_2$,直流励磁电流 $I_1=I_2$,但截面积 $S_1>S_2$,试比较两铁心中磁场强度 B_1 与 B_2 的大小关系,磁通 Φ_1 与 Φ_2 的大小关系。

4-8 将铁心线圈接在直流电源上,当发生下列情况时,铁心中的电流和磁通有何变化?(1)铁心截面增大,其他条件不变;(2)线圈匝数增加,其他条件不变(假设线圈的电阻也不变);(3)电源电压升高,其他条件不变。

4-9 有一线圈,其匝数为1000,绕在由铸铁制成的闭合铁心上,铁心的截面积 S 为

$20cm^2$，铁心的平均长度为50cm，若要在铁心中产生 $\Phi_1 = 0.005$Wb 的磁通，直流励磁电流 I 应为多少？

4-10　如果上题的铁心不是闭合的，铁心中含有一长度为0.2cm的空气隙，铁心的总长度、截面积、材料及线圈的匝数均不变，忽略气隙的边缘效应，若要在铁心中产生 $\Phi_1 = 0.005$Wb 的磁通，直流励磁电流 I 应为多少？

4-11　直流电磁铁电路如图4-33所示，铁心1由硅钢片叠成，填充因数为0.9，衔铁2由铸钢材料构成，磁路中磁通 $\Phi = 3 \times 10^{-3}$Wb，若忽略气隙的边缘效应，试求：（1）所需的磁通势 F_m 为多少？（2）如果线圈的匝数为1000匝，线圈中的励磁电流 I 又是多少？

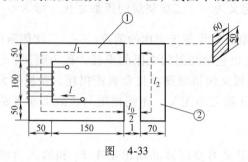

图　4-33

4-12　将一个交流铁心线圈分别接到直流电源和交流电源上，如果直流电压和交流电压的有效值相等，试分析直流励磁电流和交流励磁电流的大小关系，并说明理由。

4-13　一个铁心线圈接到110V的工频正弦电压源上，要使铁心中磁通最大值 $\Phi_m = 1.5 \times 10^{-3}$Wb，求线圈的匝数？如将此线圈接到220V的工频正弦电压源上，在铁心没有达到饱和的情况下，产生的最大磁通是多少？

4-14　一个交流铁心线圈接在110V的工频正弦电压源上，线圈的匝数为600，铁心的截面积 $S = 12$cm^2，试计算：（1）铁心中的磁通最大值 Φ_m 和磁感应强度最大值 B_m；（2）如果在这个铁心上再加装一个100匝的开路线圈，开路线圈的端电压是多少？

4-15　交流电磁铁在电源电压一定，不考虑气隙的边缘效应的情况下，在吸合过程中（即磁路中的气隙逐渐减小），励磁电流如何变化？平均吸力如何变化？

4-16　为什么变压器的铁心用硅钢片叠成？用整块的铸铁或铸钢可以吗？

4-17　一台变压器在修理后，铁心中出现较大的气隙，这对主动铁心中的主磁通及空载励磁电流有何影响？

4-18　如图4-34所示，一电源变压器，一次绕组有1100匝，接220V电压；二次绕组有两个，一个电压36V，负载36W，另一个电压24V，负载24W，两个都是纯电阻负载，试求一次绕组电流 I_1 和两个二次绕组的匝数 N_1 和 N_2。

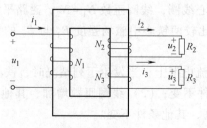

图　4-34

4-19　有一单相照明变压器，容量为 1kV·A，电压为 380/220V，效率为 0.95，若在二次侧接 40W、220V 的白炽灯，如果变压器在满负荷下运行，最多可接多少个这样的白炽灯？接了这么多白炽灯，变压器的一、二次电流分别是多少？

4-20　音频输出变压器如图 4-35 所示，二次绕组有抽头，以便接 8Ω 和 4Ω 的扬声器以达到阻抗匹配。试求二次绕组两部分的匝数之比 $\dfrac{N_2}{N_3}$。

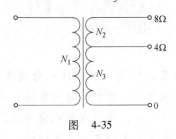

图 4-35

模块 5

电 机

电机是电动机和发电机的统称，它是一种实现机电能量转换的电磁装置。拖动生产机械，将电能转换为机械能的电机统称为电动机；作为电源，将机械能转换为电能的电机统称为发电机。由于电流有交流、直流之分，所以电机也分为交流电机和直流电机两大类。

本模块主要介绍直流电动机和交流电动机的基本结构、工作原理和转速与转矩之间的机械特性，在此基础上进一步分析交、直流电动机的起动、调速和制动的基本原理和基本方法。

5.1 直流电机

直流电机是直流电动机和直流发电机的总称。从理论上讲，直流电机是可逆的，即一台直流电机既可作为发电机运行，将机械能转换为电能，又可作为电动机运行，将电能转换为机械能，但在实际应用中大多是专用的。

直流电动机与交流电动机相比，具有良好的起动和调速性能，被广泛应用于对起动和调速性能要求较高的拖动系统上，如电力牵引、轧钢机、矿井卷扬机、挖掘机、船舶推进器和造纸机械等设备。

5.1.1 直流电机的结构及工作原理

1. 直流电机的结构

直流电机主要由定子和转子（电枢）两大部分构成，两部分之间的间隙称为气隙。图 5-1 是直流电机的轴向剖面图，图 5-2 是直流电机的径向剖面图。下面分别介绍各主要部件的结构和作用。

（1）定子　定子的主要作用是产生主磁场并作为结构支撑，它主要由机座、主磁极、换向磁极、端盖和电刷装置组成。

1）机座：直流电机的外壳，一般由铸钢或厚钢板焊接而成。它一方面用来固定主磁极、换向磁极和端盖，另一方面也是电机磁路的一部分，用以通过磁通的部分称为磁轭。

2）主磁极：主磁极的作用是产生主磁通。它由主磁极铁心和励磁绕组构成。主磁极铁心一般由 1~1.5mm 厚的低碳钢板冲片叠压铆接而成。为了改善气隙磁通量密度的分布，主磁极靠近电枢表面的极靴较极身宽。励磁绕组由绝缘铜线绕制而成。直流电机中的主磁极总是成对的，相邻主磁极的极性按 N 极和 S 极交替排列。改变励磁电流的方向，就可改变主磁极的极性，也就改变了磁场方向。

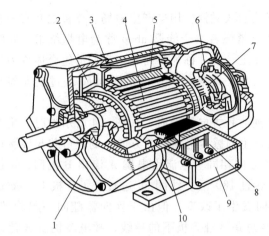
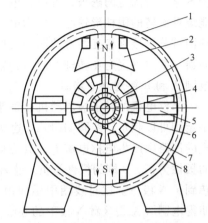

图 5-1 直流电机的轴向剖面图
1—端盖 2—风扇 3—机座 4—电枢 5—主磁极 6—刷架
7—换向器 8—接线板 9—出线盒 10—换向器

图 5-2 直流电机的径向剖面图
1—机座 2—主磁极 3—转轴 4—电枢铁心
5—换向磁 6—电枢绕组 7—换向器 8—电刷

3）换向磁极：换向磁极构造与主磁极相似，由换向极铁心和绕组构成，位于两个主磁极之间，是比较小的磁极。它的作用是产生附加磁场，用以改善电机的换向，减小电动机运行时电刷与换向器之间产生的有害火花。

4）电刷装置：电刷装置的作用是用来固定电刷的，并使电刷与旋转的换向器保持滑动接触，将转子绕组与外电路接通，使电流经电刷输入转子或从转子输出。电刷装置由电刷、刷握、压紧弹簧及汇流条等组成，如图 5-3 所示。

（2）转子（电枢） 转子的作用是产生感应电动势和电磁转矩。它主要由电枢铁心、电枢绕组、换向器、转轴和风扇等组成。

1）电枢铁心：电枢铁心一般用 0.5mm 厚的涂有绝缘漆的硅钢片叠压而成，这样铁心在主磁场中运动时，可以减少磁滞和涡流损耗。铁心表面有均匀分布的齿和槽，用来嵌放电枢绕组，电枢铁心也是磁的通路。

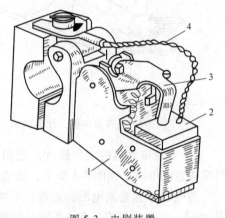

图 5-3 电刷装置
1—刷握 2—电刷 3—压紧弹簧 4—汇流条

2）电枢绕组：电枢绕组是直流电机结构中重要而复杂的部分，感应电动势、电流和电磁转矩的产生，机械能和电能的相互转换，都在这里进行。

3）换向器：换向器也是直流电机的重要部件，在直流电动机中，其作用是将电刷两端的直流电流转换成电枢绕组内的交电流；在直流发电机中，它将电枢绕组内的交变电动势转换为电刷两端的直流电压。换向器由多个相互绝缘的换向片组成，换向片之间用云母绝缘。

4）转轴：转轴一般由圆钢加工而成，有足够的刚度和强度，是支撑转子铁心和输入（或输出）机械转矩的部件，能保证负载时气隙均匀及转轴本身不至于断裂。

2. 直流电机的工作原理

1）直流发电机的工作原理。图 5-4 所示为一台两极直流发电机的工作原理图。图中 N

和 S 是一对固定的磁极，可以是电磁铁也可以是永久磁铁，用来产生磁场。磁极之间有一个能绕轴旋转的圆柱形铁心，称为电枢铁心。其上紧绕着一个线圈 abcd 称为电枢绕组，线圈的两端分别接到相互绝缘的两个弧形铜片 1 和 2 上，铜片称为换向片，它们的组合体称为换向器。换向器固定在转轴上而与转轴绝缘，它随轴一起转动，使得线圈 abcd 通过换向器和电刷 A 和 B 接通外电路。

当发电机的转子被原动机以恒速驱动，按逆时针方向转动时，如图 5-4 所示瞬时，用右手定则可以判定，线圈 ab 和 cd 边切割磁力线产生的感应电动势的方向，则在负载与线圈构成的回路中产生电枢电流 I_a，其方向与电动势方向相同。电流由电刷 A 流出 B 流回，A 刷的极性为正，B 刷的极性为负。当转子逆时针转过 180°后，线圈 ab 边转到了 S 极下，cd 边转到了 N 极下。这时线圈中感应电动势的方向发生了改变，但由于换向器随同一起旋转，使得电刷 A 总是接触 N 极下的导线，而电刷 B 总是接触 S 极下的导线，故电流仍由 A 流出 B 流回。所以，电刷 A 始终是正极性，电刷 B 始终是负极性，电刷 A、B 之间引出的是方向不变的直流电动势。

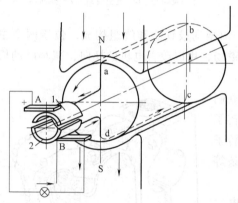

图 5-4 直流发电机工作原理图

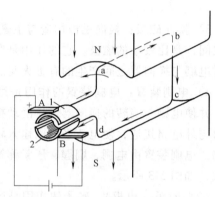

图 5-5 直流电动机工作原理图

2）直流电动机的工作原理。把图 5-4 所示的直流发电机的原动机撤掉，使电刷 A、B 两端接直流电源，如图 5-5 所示，该直流电机就运行在电动工作状态。

当电刷 A 接直流电源的正极，电刷 B 接负极时，电流从 A 刷流入，经过换向片流入线圈 abcd，由 B 刷流出，图 5-5 所示的瞬间，在 N 极下的导体 ab 中电流是由 a 到 b，在 S 极下的导体 cd 中电流方向是 c 到 d。根据左手定则判定，导体 ab 受力的方向向左，导体 cd 受力的方向向右，两个电磁力对轴所形成的电磁转矩为逆时针方向，电磁转矩使电枢逆时针方向旋转。当线圈逆时针转过 180°时，换向片 2 转至与 A 刷接触，换向片 1 转至与 B 刷接触。电流由正极经换向片 2 流入，导体 dc 中电流由 d 流向 c，导体 ba 中电流由 b 流向 a，由换向片 1 经 B 刷流回负极。用左手定则判定，电磁转矩仍为逆时针方向，这样电动机就沿着逆时针方向连续旋转下去。

3）直流电机的可逆性。通过对直流发电机和直流电动机工作原理的分析可看出，同一台直流电机既可作为发电机运行，也可作为电动机运行。当用原动机拖动转子旋转，即输入机械功率时，在电刷两端就会输出直流电能，此时电机作发电机运行；当在电刷两端接直流电源，电机将通过转子拖动生产机械旋转从而输出机械能，电机作电动机运行，这就是直流电机可逆运行的原理，但在实际应用中，一般只作一个方面使用。

4）直流电机的转子电动势。转子绕组切割磁力线而产生的感应电动势，简称为转子电动势。根据转子绕组的结构、绕制规律和电磁感应的有关知识，得知转子电动势 E_a 的大小，与发电机电枢的转速 n 和磁极磁通 Φ 的乘积成正比，即

$$E_a = C_e \Phi n \tag{5-1}$$

式（5-1）中，C_e 为转子电动势系数，与电机的构造有关；Φ 为每极磁通量（Wb）；n 为电机的转速（r/min）；E_a 是转子电动势（V）。由式（5-1）可看出，转子电动势与磁通量 Φ 和转速 n 成正比。

与此同时，电枢电流 I_a 与磁场相互作用而产生的电磁力形成了电磁转矩 T_e。

$$T_e = C_T \Phi I_a \tag{5-2}$$

式（5-2）中，C_T 为电磁转矩系数，与电动机结构有关；Φ 为每极磁通量（Wb）；I_a 是电枢电流（A）；T_e 是电磁转矩（N·m）。由式（5-2）可看出，电磁转矩 T_e 与每极磁通量 Φ 和电枢电流 I_a 成正比。

对于同一台电动机，电动势系数 C_e 和电磁转矩系数 C_T 之间的关系为

$$C_T = 9.55 C_e \tag{5-3}$$

直流电动机的额定转矩 T_N 的计算公式为

$$T_N = 9.55 \frac{P_N}{n_N} \tag{5-4}$$

式（5-4）中，T_N 是额定转矩（N·m），P_N 是额定功率（W），n_N 是额定转速（r/min）。

5.1.2 直流电机的种类和铭牌

1. 直流电机的种类

励磁绕组的供电方式称为励磁方式。根据励磁方式的不同，直流电机可分为他励、并励、串励和复励四种。直流电机按励磁分类的接线图如图 5-6 所示。

（1）他励直流电机　励磁绕组和电枢绕组分别由不同的直流电源供电，如图 5-6a 所示。

（2）并励直流电机　励磁绕组和电枢绕组并联，由同一直流电源供电，如图 5-6b 所示。由图可知，并励电动机从电源输入的电流 I 等于电枢电流 I_a 和励磁电流 I_f 之和，即 $I = I_a + I_f$。

（3）串励直流电机　励磁绕组和电枢绕组串联后接于同一直流电源，如图 5-6c 所示。由图可知，串励电动机从电源输入的电流、电枢电流和励磁电流是同一电流，即 $I = I_a = I_f$。

（4）复励直流电机　有并励和串励两个绕组，它们分别与电枢绕组并联和串联，如图 5-6d 所示。

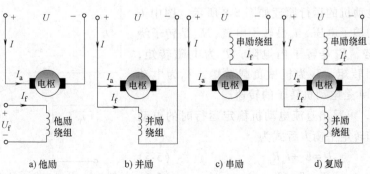

a) 他励　　b) 并励　　c) 串励　　d) 复励

图 5-6　直流电机按励磁分类的接线图

2. 直流电机的铭牌数据

为保证电机安全有效地运行，电机制造厂都对其所生产的电机工作条件加以规定，电机按制造工厂规定条件工作的情况，称为额定情况。表征电机额定工作情况的各种数据称为额定值。这些数据都列在电机的铭牌上，用以表示电机的主要性能和使用条件。如表 5-1 为某台直流电动机的铭牌。

表 5-1 直流电动机铭牌

型号	Z4-112/2-1	励磁方式	他励
功率	5.5kW	励磁电压	180V
电压	440V	效率	81.190%
电流	15A	定额	连续
转速	3000r/min	温升	80℃
出品号数	××××	出厂日期	××××年10月
××××电机厂			

(1) 电机型号：型号表明电机的系列及主要特点，具体如图 5-7 所示。知道了电机的型号，便可从相关手册及资料中查出该电机的有关技术数据。

(2) 额定电压 U_N（V）：指额定运行状况下，直流发电机的输出电压或直流电动机的输入电压。

(3) 额定电流 I_N（A）：指额定电压和额定负载时允许电机长期输入（电动机）或输出（发电机）的电流。

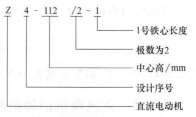

图 5-7 直流电机型号的表示

(4) 额定功率 P_N（W 或 kW）：指电机在额定运行时的输出功率。对发电机，是指出线端输出的电功率：$P_N = U_N I_N$；对电动机，是指电动机轴上输出的机械功率：$P_N = U_N I_N \eta_N$。

(5) 额定转速 n_N（r/min）：指电动机在额定电压和额定负载时的旋转速度。

(6) 额定效率 η_N：指电动机额定输出功率 P_N 与额定输入功率之比。

5.1.3 直流电动机的特性

直流电动机的励磁方式不同，平衡方程式和机械特性也有较大差别。他励直流电动机应用比较广泛，因此我们着重对他励直流电动机进行分析。

1. 他励直流电动机的机械特性方程

他励直流电动机的运行原理如图 5-8 所示，图中 U 为直流电动机的转子电压，I_a 是转子电流，E_a 是转子绕组的感应电动势，R_a 是转子内电阻，T_e 为电磁转矩，T_c 为电动机的阻转矩，T_L 为机械负载转矩，T_0 为电动机的空载转矩，n 是电动机转子的转速。

根据图 5-8，可写出直流电动机稳定运行时的电动势平衡方程式和转矩平衡方程式为

$$U = E_a + I_a R_a \tag{5-5}$$

$$T_c = T_L + T_0 \tag{5-6}$$

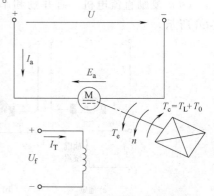

图 5-8 他励直流电动机运行原理图

将式 $E_a = C_e \Phi n$ 代入式（5-5），得到转速特性方程式为

$$n = \frac{U}{C_e \Phi} - \frac{R_a}{C_e \Phi} I_a \tag{5-7}$$

将式 $T_e = C_T \Phi I_a$ 代入式（5-7），得到机械特性方程式为

$$n = \frac{U}{C_e \Phi} - \frac{R_a}{C_e C_T \Phi^2} T_e = n_0 - \beta T_e \tag{5-8}$$

式（5-8）中，n_0 是理想空载转速（r/min），$n_0 = \frac{U}{C_e \Phi}$；β 是机械特性的斜率，$\beta = \frac{R_a}{C_e C_T \Phi^2}$，若 β 值较小，称为硬特性，若其值较大，称为软特性。

2. 他励直流电动机的固有机械特性

固有机械特性是指电动机的工作电压、励磁磁通为额定值，电枢回路没有串附加电阻时的机械特性，其方程式为

$$n = \frac{U_N}{C_e \Phi_N} - \frac{R_a}{C_e C_T \Phi_N^2} T_e \tag{5-9}$$

固有机械特性曲线如图 5-9 所示，是一条略微向下倾斜的直线，随着电磁转矩 T_e 的增大，转速 n 降低。当 $T_e = T_N$ 时，$n = n_N$，此时转速差 $\Delta n_N = n_0 - n_N = \beta T_N$，称为额定转差。当 $n = 0$ 时，$E_a = 0$，此时电枢电流 $I_a = \frac{U_N}{R_a} = I_S$，称为起动电流。电磁转矩 $T_e = C_T \Phi_N I_S = T_S$，称为起动转矩。由于电枢电阻 R_a 很小，I_S 和 T_S 都比额定值大很多，会给电动机和传动机构等带来危害。

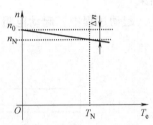

图 5-9 他励直流电动机的固有机械特性

3. 他励直流电动机的人为机械特性

一台电动机只有一条固有机械特性，对于某一负载转矩，只有一个固定的转速，显然无法达到实际拖动对转速变化的要求。为了满足生产机械加工工艺的要求，例如起动、调速和制动等各种工作状态的要求，需要人为地改变电动机的参数，如电枢电压、电枢回路电阻和励磁磁通，相应得到的机械特性即为人为机械特性。

5.1.4 直流电动机的控制方法

1. 直流电动机的起动和反转

（1）直流电动机的起动 所谓电动机的起动，是指电动机接通电源后，转速由零上升到稳定转速的过程。对直流电动机的要求是，在保证起动转矩足够大的前提下，尽可能减小起动电流，缩短起动时间。

直流电动机的起动方法有：全压起动、转子回路串电阻起动和减压起动。

1) 全压起动。全压起动就是直流电动机在额定电压下直接起动。起动时，$n = 0$，$E_a = 0$，又由于电枢电阻 R_a 很小，所以起动电流 I_S 很大，可达额定电流的 10~20 倍。这样大的起动电流可能造成转子绕组绝缘损坏，甚至烧坏绕组；使换向火花增大，烧坏换向器；对电源造成很大的冲击，波及同一电网上的其他设备。同时，与电枢电流成正比的电磁转矩过大，对生产机械产生过大的冲击力。因此，只有容量很小的电动机，才可采用全压起动。稍大容

量的电动机,为了限制起动电流,一般采用转子回路串电阻起动和减压起动。

2)转子回路串电阻起动。这种方法比较简单,在起动过程中,将起动电阻 R_{st} 分段切除。之所以要分段切除,是因为当电动机转动起来后,产生了反电动势 E_a。随着转速升高,E_a 增大,I_s 也就减小,起动转矩随之减小。这样,电动机的动态转矩以及加速度也就减小,使起动过程拖长,并且不能加速到额定转速。如果在起动过程中,随着转速的增加,能将起动电阻分级均匀平滑地切除,就能保证起动转矩和起动电流在起动过程中保持不变,使电动机作匀加速运动。

图 5-10 是电阻分段起动的原理图和机械特性图。当 $T_{st1}>T_L$ 时,电动机开始起动。工作点由起动点 a 沿电枢总电阻 R_1 的人为特性上升,电枢电动势随之增大,电枢电流和电磁转矩则随之减小。当转速升至 n_1 时,起动电流和电磁转矩下降至 b 点,为保持起动过程中电流和转矩有较大的值,以加速起动过程,此时闭合 KM1,切除 r_1。当 r_1 被断掉后,电枢回路总电阻变为 R_2,由于机械惯性,转速和电枢电动势不能突变,电枢电阻减小使电枢电流和电磁转矩增大,电动机的机械特性由 b 点平移到 c 点。再依次切除起动电阻 r_2、r_3,电动机的工作点就从 c 点移到 e 点,最后稳定运行在固有机械特性的 h 点,电动机的起动过程结束。

起动过程中,起动电阻上有能量损耗,这种起动方法广泛应用于中小型直流电动机。

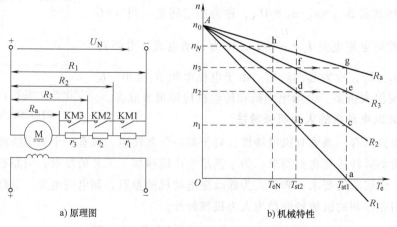

a) 原理图 b) 机械特性

图 5-10 他励直流电动机转子串电阻起动

3)减压起动。电动机起动瞬间,$n=0$,$E_a=0$,$I_a=U/R_a$,如果降低电源电压,就可以减小起动电流。随着转速的上升,反电动势逐渐增大,将电源电压逐步升到额定值,使电动机达到额定转速。在整个起动过程中,利用自动控制装置,使电压连续升高,保持转子电流为最大允许电流,从而使系统在较大的加速转矩下迅速起动。

减压起动的优点是既限制了起动电流,又能使起动过程平稳、能量损耗小,缺点是必须有单独的可调压直流电源、起动设备复杂、初期投资大,多用于要求经常起动的场合和大中型电动机的起动,实际使用的直流伺服系统多采用这种方法起动。

(2)直流电动机的反转 电力拖动系统在工作过程中,经常需要改变转动方向,为此需要电动机反方向起动和运行,即需要改变电动机产生的电磁转矩的方向。由式 $T_e=C_T\Phi I_a$ 和左手定则可知,要改变电磁转矩的方法,只需改变励磁磁通量方向或电枢电流方向即可。

所以，改变直流电动机转向的方法有两种：①保持电枢绕组两端极性不变，将励磁绕组反接；②保持励磁绕组极性不变，将电枢绕组反接。

2．直流电动机的调速

直流电动机的转速特性方程式为

$$n = \frac{U}{C_e \Phi} - \frac{R_a}{C_e \Phi} I_a$$

由上式可见，直流电动机的调速方法有三种：电枢串电阻调速、降低电枢电压调速和减弱磁通调速。

（1）电枢串电阻调速　以他励直流电动机拖动恒转矩负载为例，保持电源电压和励磁磁通为额定值不变，在电枢回路串入不同的电阻时，电动机将运行于不同的转速。电枢串电阻调速的机械特性如图 5-11 所示。电枢回路没有串入电阻时，电动机运行于固有机械特性曲线 1 的 a 点。在电枢回路串入调速电阻 R_{pa1} 的瞬间，因转速和电动势不能突变，电枢电流相应地减小，工作点由 a 过渡到 b，这时电动机的电磁转矩小于负载转矩，工作点将沿着人为特性曲线 2 下移，转速也随着下降，电动势减小，当转子电流和电磁转矩增加到与负载转矩相平衡的数值时，电动机以

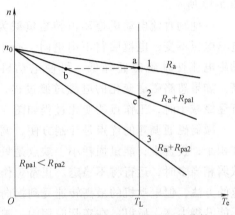

图 5-11　电枢串电阻调速的机械特性

较低的转速稳定运行于人为机械特性曲线 2 的 c 点。同理，若在电枢回路串入更大的电阻 R_{pa2}，此系统将进一步降速。显然，电枢回路串电阻调速时，所串电阻越大，稳定运行转速越低。

这种调速方法具有设备简单，操作方便的优点，但串入电阻后机械特性较软，转速稳定性较差，只能实现有级调速，调速的平滑性差。低速时，因转子电流不变，串入的电阻越大，电阻损耗越大，效率越低。这种调速方法适用于短时调速以及调速性能要求不高的中、小型电动机，如起重和运输牵引装置。

（2）降低电枢电压调速　以他励直流电动机拖动恒转矩负载为例，保持励磁磁通为额定值不变，电枢回路不串电阻，降低电枢电压 U 时，电动机将运行于较低的转速，其机械特性如图 5-12 所示。电压由 U_1 开始逐级下降时，工作点的变化情况如图 5-12 箭头所示由 a→b→c…。如果电枢电压下降幅度较大，使 U 小于电动势 E_a，电流为负值，电动机从固有机械特性曲线 1 的 a 点瞬时地过渡到人为机械特性曲线 3 的 d 点上，此时电动机为回馈发电制动状态，将

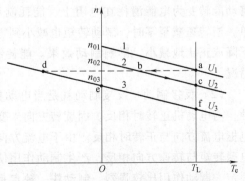

图 5-12　降低电枢电压调速的机械特性

系统的动能变为电能回馈电网。电动机在电磁转矩和负载转矩作用下，转速下降。随后，电动机的转速和转矩变化沿着人为机械特性曲线 3 下移，稳定运行于 f 点。

这种调速方法的优点：电压能连续调节，可进行无级调速，调速平滑性好。降低电枢电压时，机械特性的硬度不变，所以运行在低速范围的稳定性较好。与电枢回路串电阻相比，调速过程能量损耗较小。这种调速方法适用于对调速性能要求较高的设备，如造纸机、轧钢机等。

（3）减弱磁通调速　减弱磁通调速的特点是理想空载转速随磁通的减弱而上升，机械特性斜率 β 与励磁磁通的平方成反比。随着磁通 Φ 的减弱，β 增大，机械特性变软。减弱磁通调速的机械特性如图 5-13 所示。

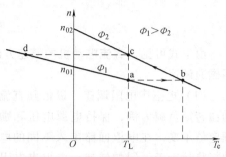

图 5-13　减弱磁通调速的机械特性

以他励直流电动机拖动恒转矩负载为例，保持电枢电压不变，电枢回路不串电阻，减小电动机的励磁电流使励磁磁通降低，可使电动机的转速升高。如果忽略磁通变化的电磁过渡过程，则励磁电流逐级减小时，工作点的变化过程如图 5-13 箭头所示由 a→b→c…。

减弱磁通调速的优点是控制方便，调速级数多，可实现无级调速，平滑性好；控制设备体积小，投资少，能量损耗小。缺点是只能在额定转速以上进行调速，机械特性软，当磁通减弱相当多时，运行将不稳定。正常工作时，$\Phi=\Phi_N$，磁路已经饱和，所以只能采取弱磁升速的方法，但电动机的最高转速受到换向能力、机械强度和稳定性等因素的限制，所以转速不能升得太高。所以，在实际应用中，减弱磁通调速仅作为一种辅助方法，和降低电枢电压调速配合使用。

3. 直流电动机的制动

许多生产机械为了提高生产效率和产品质量，要求电动机能迅速、准确地停车或反向旋转，为达此目的，要对电动机进行制动。制动的方法有机械制动和电气制动两种。由于电气制动转矩大，制动强度比较容易控制，一般的电力拖动系统多采用这种方法，或与机械制动配合使用。直流电动机的电气制动分为三种：能耗制动、反接制动和回馈制动。

（1）能耗制动　能耗制动的方法是将正在运行的电动机转子两端从电源断开（励磁绕组仍接电源），并立即在转子两端接入一个制动电阻，使电动机从电动状态变为发电状态，将动能转变为电能消耗在电阻上。能耗制动的优点是：制动减速较平稳可靠，控制电路简单，当转速减至零时，制动转矩也减小到零，便于实现准确停车。缺点是：制动转矩随转速下降成正比地减小，影响制动效果。能耗制动适用于不可逆运行，制动减速要求较平稳的情况。

（2）反接制动　反接制动就是当电动机正转运行时，改变加到转子绕组两端的电压极性，与电动机正转时相反。因旋转方向未变，磁场方向未变，感应电动势方向也不变，此时电枢电流方向与正转时相反。由于电流方向改变，磁通方向未变，因此电磁转矩方向改变。电磁转矩与转速方向相反，产生制动作用使转速迅速下降。反接制动的优点是：制动转矩较恒定，制动作用比较强烈，制动快。缺点是：所产生的冲击电流大，需串入相当大的电阻，能量损耗大，转速为零时，若不及时切断电源，会自行反向加速。反接制动适用于要求正反转运转的系统中，它可使系统迅速制动，并随之即反向起动。

（3）回馈制动　当直流电动机轴上受到和转速方向一致的外加转矩的作用时，使电动机加速超过理想空载转速，此时电动机由电动状态变为发电状态，把外加输入的机械能变成电能回馈给电网，因此电动机的这种运行状态称为回馈制动，如起重机下放重物或电车下坡。回馈制动的优点是：不需要改接电路即可从电动状态自行转换到制动状态，将轴上的机械功率变为电功率反馈回电网，简便、可靠而且经济。缺点是：只有当转速大于理想空载转速时才能产生回馈制动，故不能用来使电动机停车，所以其应用范围较窄。

5.2 交流电动机

交流电动机在各行各业以及日常生活中都有着广泛的应用。交流电动机有三相和单相之分，根据电动机工作原理的不同，又有异步和同步之分。三相交流异步电动机因具有结构简单、坚固耐用、运行可靠、价格低廉及维护方便等优点，被广泛地用来驱动各种金属切削机床、起重机、锻压机、传送带、铸造机械、功率不大的通风机及水泵等。

5.2.1 交流电动机的种类及用途

1. 交流电动机的分类

（1）按定子相数分类　单相异步电动机、两相异步电动机、三相异步电动机。

（2）按转子机构分类　笼型异步电动机、绕线转子异步电动机。

（3）按电动机结构尺寸分类

1）大型电动机　16号机座及以上，或机座中心高度大于630mm，铁心外径大于990mm者，称为大型电动机。

2）中型电动机　11~15号机座，或机座中心高度在355~630mm，或者定子铁心外径在560~990mm者，称为中型电动机。

3）小型电动机　10号及以下机座，或机座中心高度在80~315mm，或者定子铁心外径在125~560mm者，称为小型电动机。

（4）按电动机防护形式分类

1）开启式。电动机除必要的支承结构外，对于转动及带电部分没有专门的保护。

2）防护式。电动机机壳内部的转动部分及带电部分有必要的机械保护，以防止意外的接触，但并不明显地妨碍通风。防护式电动机按其通风口防护结构不同，又分为下列三种：

① 网罩式。电动机通风口用穿孔的遮盖物遮盖起来，使电动机的转动及带电部分不能与外物相接触。

② 防滴式。电动机通风口的结构能够防止垂直下落的液体或固体直接进入电动机内部。

③ 防溅式。电动机通风口的结构可以防止与垂直线成100°范围内任何方向的液体或固体进入电动机内部。

3）封闭式。电动机机壳的结构能够阻止机壳内外空气的自由交换，但并不要求完全地密封。

4）防水式。电动机机壳的结构能够阻止具有一定压力的水进入电动机内部。

5）水密式。当电动机浸没在水中时，电动机机壳的结构能阻止水进入电动机内部。

6）潜水式。电动机在规定的水压下，能长期在水中运行。

7）隔爆式。电动机机壳的结构足以阻止电动机内部的气体爆炸传递到电机外部，而引起电动机外部的燃烧性气体的爆炸。

(5) 按电动机通风冷却方式分类

1) 空气冷却。

① 自冷式。电动机仅依靠表面的辐射和空气的自然流动获得冷却。

② 自扇冷式。电动机由本身驱动的风扇供给冷却空气,以冷却电动机表面或其内部。

③ 他扇冷式。供给冷却空气的风扇不是由电机本身驱动的,而是独立驱动的。

④ 管道通风式。冷却空气不是直接由电机外部进入电机或直接由电动机内部排出电动机的,而是经过管道引入或排出电动机,管道通风的风机可以是自扇冷式或他扇冷式。

2) 液体冷却。电动机用液体冷却。

3) 闭路循环气体冷却。冷却电动机的介质循环在包括电动机和冷却器的封闭回路里,冷却介质经过电动机时吸收热量,而再经过冷却器时放出热量。

4) 表面冷却和内部冷却。

① 冷却介质不通过电动机导体内部者,称为表面冷却。

② 冷却介质通过电动机导体内部者,称为内部冷却。

(6) 按电动机运行工作制分类

1) 连续工作制(S1)。电动机在铭牌规定的额定值条件下,保证长期运行。

2) 短时工作制(S2)。电动机在铭牌规定的条件下,只能在限定的时间内短时运行。短时运行的持续时间标准有四种:10min、30min、60min及90min。

3) 断续周期工作制(S3)。电动机在铭牌规定的额定值下只能断续周期性使用。

2. 交流电动机的用途

三相异步电动机应用最为广泛,其产品代号、型号意义、结构与用途见表5-2。

表5-2 三相异步电动机的产品代号、型号意义、结构及用途表

序号	产品代号	型号意义	产品名称	结构与用途
1	J J2(Y) J3	异	防护式异步电动机	防护式,铸铝转子,铸铁外壳。用于一般机器设备上
2	JO JO2 JO3(Y) JO4	异闭	封闭式异步电动机	封闭式,铸铁外壳有散热筋,外风扇吹冷,铸铝转子,用于灰尘较多的场所
3	J-L J2-L (Y-L)	异-铝	防护式铝线异步电动机	同序号1
4	(Y) (Y-L)	异 异-铝	封闭式高效率异步电动机	封闭式,Y系列为铜线,Y-L为铝线,结构同JO2,用途同序号2,可代替JO2系列,提高电机效率
5	JO-L JO2-L (YOL)	异闭-铝	封闭式铝线异步电动机	结构与用途同序号2,电磁线是铝线
6	JL (YL)	异-铝	防护式铝壳异步电动机	铸铝外壳,防护式,结构与用途同序号1
7	JLO (YL)	异铝闭	封闭式铝壳异步电动机	铸铝外壳,封闭式,结构与用途同序号2

（续）

序号	产品代号	型号意义	产品名称	结构与用途
8	JQ（YQ）JQ2	异起	防护式高起动转矩异步电动机	结构同序号1,用于起动惯性负荷较大的机械,环境粉尘较少
9	JQO JQO2（YQ）	异起闭	封闭式高起动转矩异步电动机	结构同序号2,用于起动惯性负荷较大的机械,环境粉尘较多,水土飞溅严重
10	JG（YL）	异辊	辊道用异步电动机	结构同JO2,卧式,用于辊道传输带上
11	JGK（YGK）	异辊空	辊道用空心轴异步电动机	同序号10
12	JGW JGT（YG）JGX	异辊卧 异辊凸 异辊悬	辊道用耐高温异步电动机	结构同JO2,使用在高温辊道传输带上,JGW为卧式,JGT为凸轮式,JGX为悬臂式
13	JH（YH）	异滑	防护式高滑率异步电动机	结构同序号1,使用在拖动较大飞轮惯量和不均匀冲击负载的金属加工机械
14	JHO（YH）	异滑闭	封闭式高滑率异步电动机	结构同序号2,用途同序号13,使用在环境粉尘较多的场合
15	JLJ（YLJ）	异力矩	力矩异步电动机	结构同序号2,用于具有恒转矩特性的负载上
16	JR（YR）JR2	异绕	防护式绕线转子异步电动机	防护式,绕线转子,铸铁外壳,用于要求起动电流小,起动转矩高的机械上
17	JD（YD）	异多	防护式多速异步电动机	结构同序号1,应用于要求多速的拖动系统
18	JDO（YD）JDO2	异多闭	封闭式多速异步电动机	结构同序号2,用途同序号17
19	JTC（YCJ）	异齿减	齿轮减速异步电动机	封闭式异步电动机和减速器两部分组成,用于低速、高转矩机械设备上
20	JO2-H（YO2-H）	异闭—船	封闭式船用异步电动机	结构同JO2系列,电动机机座用钢板焊成,主要使用在船舶上,性能同JO2
21	（Y2-H）J2-H	异—船	防护式船用异步电动机	结构同J2系列,电动机机座用钢板焊成,主要使用在船舶上,性能同J2
22	JZ（YZ）JZB（YZB）	异重 异重（B级绝缘）	起重冶金用异步电动机	封闭式,铸铁外壳有散热筋,外风扇吹冷,铜笼转子,用于起重机及冶金辅助机械上
23	JZR（YZR）JZRB（YZRB）	异重绕 异重绕（B级绝缘）	起重冶金用绕线转子异步电动机	结构同序号22,但转子是绕线转子,所以起动性能较好,主要用于起重机及冶金辅助机械上
24	JZRG（YZRG）	异重绕管（管道通风）	起重冶金用绕线转子异步电动机	管道通风冷却式,绕线转子,用于钢铁冶炼及轧制的辅助设备上
25	JQB（YQB）	异潜泵	浅水排灌潜水异步电动机	由水泵、电动机及整体密封盒三大部分组成,用于农业排灌及消防等场合

（续）

序号	产品代号	型号意义	产品名称	结构与用途
26	JR(YR) JRQ (YRQ)	异绕 异绕 (加强绝缘)	中型绕线转子异步电动机	防护式或管道通风式，铸铁外壳，绕线转子。用于拖动各种不同机械，如通风机、空压机、水泵、运输机等
27	JRO (YRO)	异绕闭	封闭式绕线转子异步电动机	铸铁外壳，封闭式，用于多粉尘环境中
28	JS(Y) JSQ(YQ)	异鼠 异鼠 (加强绝缘)	中型鼠笼转子异步电动机	防护式或管道通风式，铸铁外壳，双笼转子。用途同序号26，主要用于满载起动场合
29	YR JRK (YRK)	异绕 异绕座	中型绕线转子异步电动机	防护式，绕线转子，座式轴承。用于矿井卷扬机和其他需要限制起动电流和要求调速的拖动设备作原动机
30	JK JK2(Y) JKZ2	异高 异高座	中型高速异步电动机（JKZ2座式轴承）	防护式，铸铁外壳，铸铝转子，用于鼓风机及水泵等机械上
31	JB IJB (YB)	异爆	隔爆异步电动机	防爆式，钢板外壳，铸铝双笼转子。用于设备周围充满可燃性气体的场所
32	JBS(YB) IJBS BJO2 JBX	异爆小 异爆小 爆异封 异爆小	隔爆异步电动机（小机座）	防护式，铸铁外壳，铸铝转子，用途同上
33	JZS (YHT)	异整速	换向器异步电动机	防护式，铸铁外壳，有手动调速和遥控调速两种
34	JZT (YCT)	异磁调	电磁调速异步电动机	由JO2系列电动机和电磁转差离合器组成，用途同上，但效率和功率因数低于JZS
35	JZZ(YER) JZP(YER) (JZP)	异锥制 异锥旁	锥形转子制动异步电动机	封闭式，转子呈圆锥型。用于电动葫芦、卷扬机、电动阀门等设备，断电后能在0.5~1s内制动
36	JO-F JO2-F (YO-F)	异闭—腐	化工防腐蚀异步电动机	结构同JO、JO2，采用密封及防腐措施，用于化工厂的腐蚀环境
37	JO2-W (YO2-W)	异闭-外	户外用异步电动机	结构同JO2，用于户外环境下，不需加防护措施的机械上
38	BJQO2 (BJQO2)	爆异起闭	隔爆高起动转矩异步电动机	结构同BJO2型，用于有甲烷和煤尘的爆炸危险场所
39	BJF (BYF)	爆异阀	阀门用隔爆异步电动机	高强度铸铁机座，铸铝转子，多用于石油工业的厂内或露天场所
40	JBR (YBR)	异爆绕	隔爆绕线转子异步电动机	绕线转子，自冷式防爆型，"KB"型用于甲烷和煤尘的爆炸性混合物矿井中，"B2d"型用于有1.2级a、b、c、d组爆炸性混合物的场合
41	JBT (YBT)	异爆通	隔爆轴流式局部通风机	隔爆型，分为电动机和风机两大部分，用于有甲烷和煤尘的爆炸危险场所
42	(AYO2) AJO2	安异闭	增安型异步电动机	高强度铸铁机座，铸铝转子。适用于Q2级场所

(续)

序号	产品代号	型号意义	产品名称	结构与用途
43	DZ2B-17	电装爆	装煤机用隔爆电动机	机座用钢板焊接,自扇冷式,双笼铸铝转子,卧式法兰安装,用于有甲烷和煤尘的矿井中拖动装煤机
44	DZ2D-17	电装爆	装岩机用隔爆电动机	结构同KZ2B-17,适用于有甲烷和煤尘的矿井中拖动耙斗装岩机
45	DS2B-22	电输爆	运输机用隔爆电动机	机座用钢板焊接,自扇冷式,双笼铜条转子卧式底脚安装,适用于有甲烷和煤尘的矿井中拖动运输机
46	MZ2-12 MSZ-12	煤钻 煤小钻	隔爆型煤电钻电动机	外壳铝合金铸成,自扇冷式,铸铝转子,适用于有甲烷和煤尘的矿井中拖动煤电钻
47	EZ2-2、0	岩钻	隔爆型岩石电钻电动机	机座由铝合金铸成,自扇冷式,铸铝转子,适用于有甲烷和煤尘爆炸性混合物的矿井中拖动岩石电钻
48	(YZ-25)	岩钻水	隔爆型岩石电钻电动机	除水冷外壳外,其余结构同序号47,适用于自扇冷式,铸铝转子,适用于有甲烷和煤尘的爆炸性混合物的矿井中拖动岩石电钻

注:括号内型号为新产品型号。

5.2.2 三相异步电动机的结构和工作原理

1. 三相异步电动机的结构

三相异步电动机有绕线转子和笼型转子两种结构,绕线转子异步电动机的起动性能和调速性能都较好,但其造价较高。笼型转子异步电动机结构简单,容易维护,造价较低。三相异步电动机由定子(固定部分)和转子(旋转部分)两大部分组成,定子和转子之间是气隙。图5-14是绕线转子异步电动机的剖面图,图5-15是笼型转子异步电动机的结构图。

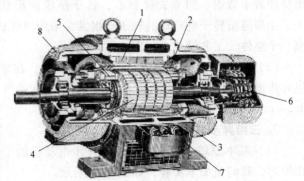

图5-14 绕线转子异步电动机剖面图
1—定子铁心 2—定子绕组 3—机座 4—转子铁心
5—转子绕组 6—集电环 7—出线盒 8—端盖

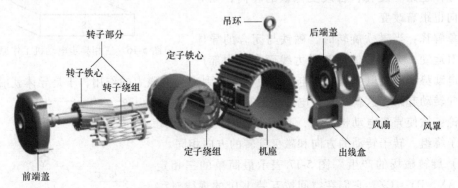

图5-15 笼型转子异步电动机结构图

(1)定子 定子主要由定子铁心、定子绕组和机座组成。

定子铁心是磁路的一部分，起导磁作用。为了减少磁滞损耗和涡流损耗，定子铁心用 0.5mm 厚、表面涂有绝缘漆的硅钢片叠成。硅钢片内圆边上冲有均匀分布的槽，用于嵌放三相对称绕组。

定子绕组是定子电路的一部分，一般由绝缘铜线绕制并按一定规律连接成相绕组，根据具体情况可以将三个相绕组连接成星形或三角形。每个相绕组的首端和末端引接到出线盒的接线端子上。

机座由铸铁或铸钢制成，起固定定子铁心、轴承、端盖的作用。在机座的表面及内部还采取了一些散热措施。

（2）转子　转子主要由转子铁心、转子绕组和转轴组成。

转子铁心固定在转轴上，它是磁路的一部分，由 0.5mm 厚、外圆边上冲有均匀分布槽的硅钢片叠成，用于嵌放绕组。

转子按转子绕组的结构不同，可分为绕线转子和笼型转子两种。

绕线转子绕组与定子绕组的结构一样。绕线转子绕组的三个单相对称绕组在内部连接成星形，其三个首端分别引接到转轴上的三个互相绝缘的集电环上，集电环通过电刷与外电路连接。

笼型转子铁心的每个槽内嵌放有导体，这些导体的两端分别与两个导电端环连接，构成闭合的转子绕组。如果去掉铁心，转子绕组的形状像老鼠笼，因此也称为鼠笼式电动机。中、小型笼型转子电动机的转子绕组常常采用浇注铝的方法将导体、端环和风扇一次性地铸成一个整体，工艺简单，制造成本较低。

（3）气隙　为了保证转子能够自由旋转，在定子与转子之间必须留有一定的空气隙，但异步电动机的气隙比同容量的直流电动机的气隙要小得多。中小型电动机的气隙为 0.2~1.0mm。

2. 三相异步电动机的工作原理

（1）基本原理　为了说明三相异步电动机的工作原理，我们做如下实验，如图 5-16 所示。

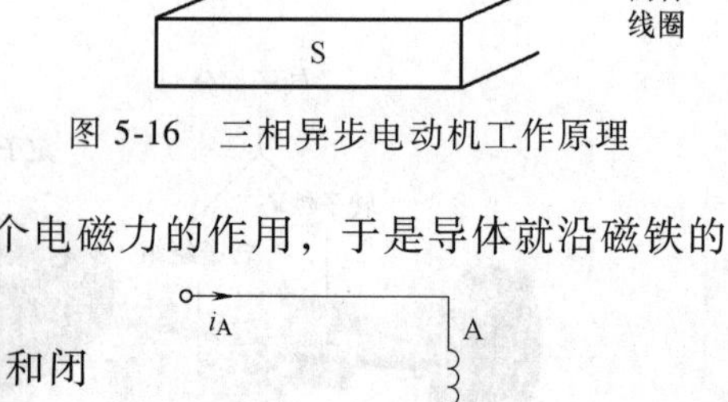

实验内容：在装有手柄的蹄形磁铁的两极间放置一个闭合导体，当转动手柄带动蹄形磁铁旋转时，将发现导体也跟着旋转；若改变磁铁的转向，则导体的转向也跟着改变。

现象解释：当磁铁旋转时，磁铁与闭合的导体发生相对运动，笼式导体切割磁力线而在其内部产生感应电动势和感应电流。感应电流又使导体受到一个电磁力的作用，于是导体就沿磁铁的旋转方向转动起来，这就是异步电动机的基本原理。

图 5-16　三相异步电动机工作原理

结论：欲使异步电动机旋转，必须有旋转的磁场和闭合的转子绕组。转子转动的方向和磁极旋转的方向相同。

（2）旋转磁场的产生　图 5-17 表示最简单的三相定子绕组 AX、BY、CZ，它们在空间按互差 120°的规律对称排列，并接成星形，与三相电源 U、V、W 接通后，三相定子绕组便有三相对称电流通过，在三相定子绕组中就会

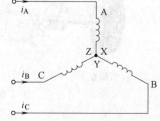

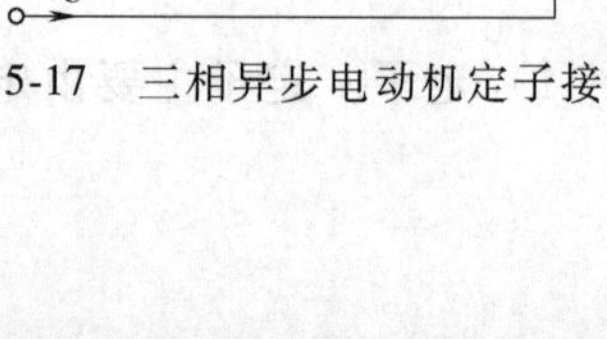

图 5-17　三相异步电动机定子接线

产生旋转磁场，如图 5-18 所示。

$$i_A = I_m \sin\omega t$$
$$i_B = I_m \sin(\omega t - 120°) \tag{5-10}$$
$$i_C = I_m \sin(\omega t + 120°)$$

假定，电流从绕组首端（如 A、B、C）流入时为电流的正方向，当电流的瞬时值为正时，绕组的首端用符号"×"标记、末端（如 X、Y、Z）用"·"标记；反之，绕组的首端用"·"标记、末端用"×"标记。

当 $\omega t = 0°$ 时，$i_A = 0$，AX 绕组中无电流；i_B 为负，BY 绕组中的电流从 Y 流入 B 流出；i_C 为正，CZ 绕组中的电流从 C 流入 Z 流出；由右手螺旋定则可得合成磁场的方向如图 5-18a 所示。

当 $\omega t = 120°$ 时，$i_B = 0$，BY 绕组中无电流；i_A 为正，AX 绕组中的电流从 A 流入 X 流出；i_C 为负，CZ 绕组中的电流从 Z 流入 C 流出；由右手螺旋定则可得合成磁场的方向如图 5-18b 所示。

当 $\omega t = 240°$ 时，$i_C = 0$，CZ 绕组中无电流；i_A 为负，AX 绕组中的电流从 X 流入 A 流出；i_B 为正，BY 绕组中的电流从 B 流入 Y 流出；由右手螺旋定则可得合成磁场的方向如图 5-18c 所示。

可见，当定子绕组中的电流变化一个周期时，合成磁场也按电流的相序方向在空间旋转一周。随着定子绕组中的三相电流不断地作周期性变化，产生的合成磁场也不断地旋转，因此称为旋转磁场。

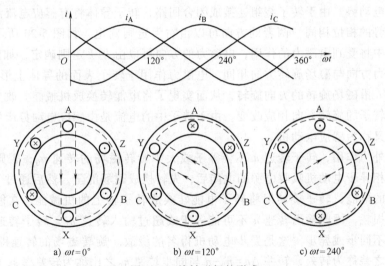

图 5-18 旋转磁场的形成

旋转磁场的方向是由三相绕组中电流相序决定的，若想改变旋转磁场的方向，只要改变通入定子绕组的电流相序，即将三根电源线中的任意两根对调即可。这时，转子的旋转方向也跟着改变。

如果各相绕组分别由两个绕组串联组成，如图 5-19 所示，可以产生一个四极旋转磁场。容易看出，当瞬时电流随时间变化两个周期，即变化 720°时，旋转磁场旋转一圈，即旋转 360°机械角度。瞬时电流随时间变化一个周期，即变化 180°时，旋转磁场转过相邻的一对

磁极在圆周表面所占的长度，即转过360°电角度。进一步对多极旋转磁场进行讨论，可以得出

$$n_0 = \frac{60f_1}{p} \tag{5-11}$$

式（5-11）中，p 为旋转磁场的磁极对数；n_0 为旋转磁场的转速，称之为同步转速，单位为转每分，用符号 r/min 表示；f_1 为交流电流的频率。

（3）三相异步电动机的工作原理　三相异步电动机的原理图如图 5-20 所示，定子铁心的槽内嵌放有连接成星形或三角形的三相对称绕组，转子绕组连接成闭合回路。

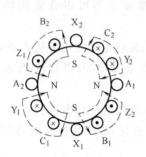

图 5-19　四极旋转磁场 $\omega t = 0°$ 时

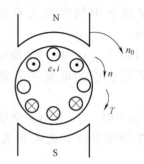

图 5-20　三相异步电动机工作原理图

在定子的三相对称绕组中通入三相对称电流时，将在气隙中产生以转速 n_0 旋转的旋转磁场。设旋转磁场顺时针旋转，则转子导体逆时针切割磁场。根据电磁感应定律，转子导体中将产生感应电动势。由于转子绕组连接成闭合回路，转子导体将有感应电流流过。设电流的相位与电动势的相位相同，两者的方向可以由右手定则确定，如图 5-20 所示。带电的转子导体在磁场中将受到电磁力的作用，电磁力的方向可以由左手定则确定，如图 5-20 所示，转子导体的受力方向与磁场旋转方向相同。电磁力作用于转子表面的导体上形成电磁转矩，使转子以转速 n 沿磁场旋转的方向旋转，从而实现了将电能转换成机械能。改变旋转磁场的旋转方向时，转子的旋转方向相应改变。由于转子中的电流是由感应电动势产生的，因此三相异步电动机又称为感应电动机。

如果没有外力作用，转子转速 n 不会等于或大于旋转磁场的转速 n_0，否则不符合能量守恒原理。三相异步电动机吸收电源的电能后，先转换成磁场能量，然后通过气隙将磁场能量转换成转子的电能，转子旋转时将转子电能转换成转子轴上的机械能。在能量转换过程中，存在能量损耗，因此输出转速 n 不可能等于或超过输入转速 n_0。转子转速不等于旋转磁场转速称为不同步或异步，这是异步电动机得名的缘故。旋转磁场的转速即同步转速 n_0 与转子转速 n 之差称为转差，转差 $\Delta n = n_0 - n$ 与同步转速 n_0 之比称为转差率 s，有

$$s = \frac{\Delta n}{n_0} = \frac{n_0 - n}{n_0} \tag{5-12}$$

转差率是异步电动机的一个重要参数。异步电动机运行时，转速与同步转速一般很接近，转差率很小。在额定工作状态下约为 0.015~0.06。根据转差率 s 的大小及正负，可以判断异步电动机的运行状态。当 $0<s<1$，即 $0<n<n_0$ 时，异步电动机运行于电动状态，电动机吸收电源的电能并转换为转子轴上的机械能；当 $s<0$，即 $n>n_0$ 时，异步电动机机于发电状态，电动机吸收作用于转子轴上的外力能量并转换成电能向电源回送；当 $s>1$，即 $n<0$ 时，

异步电动机运行于电磁制动状态，电动机定子吸收电源的电能和转子吸收作用于转子轴上的外力能量都消耗在电动机内部。

根据式（5-12），可以得到电动机的转速常用公式

$$n = (1-s)n_0 \tag{5-13}$$

例 5-1　有一台三相异步电动机，其额定转速 $n = 975\text{r/min}$，电源频率 $f = 50\text{Hz}$，求电动机的极数和额定负载时的转差率 s。

解：由于电动机的额定转速接近而略小于同步转速，而同步转速对应于不同的极对数有一系列固定的数值。显然，与 975r/min 最相近的同步转速 $n_0 = 1000\text{r/min}$，与之相应的磁极对数 $p = 3$。因此，额定负载时的转差率为：

$$s = \frac{n_0 - n}{n_0} \times 100\% = \frac{1000 - 975}{1000} \times 100\% = 2.5\%$$

3. 三相异步电动机的铭牌数据

三相异步电动机的机座上都有一个铭牌，铭牌上标明了型号、额定数据、定子绕组连接方法及工作制等。

（1）型号　型号主要说明产品代号和规格代号。国产异步电动机的型号由汉语拼音字母以及国际通用符号和阿拉伯数字组成。例如，以三相异步电动机 YB-160M-4 铭牌为例：

YB：三相笼型隔爆异步电动机。

160：机座中心高 160mm。

M：机座长度代号（S—短机座，M—中机座，L—长机座）。

4：磁极数（磁极对数 $p = 2$）。

（2）额定值　在标准环境温度下，电动机的绕组按规定连接、定子绕组加额定电压、带额定负载时的运行方式，称为额定运行。额定运行时的数据主要有：

1）额定电压 U_N。指电动机额定运行时，定子绕组外接三相电源的线电压，也是电动机安全工作的最高线电压，单位 V。

2）额定电流 I_N。指电动机额定运行时，定子绕组取用的线电流，也是电动机按规定长期额定运行时定子绕组可以取用的最大线电流，单位 A。

3）额定功率 P_N。指电动机额定运行时，转轴上输出的机械功率，单位 W 或 kW。三相异步电动机的额定功率为 $P_N = \sqrt{3} U_N I_N \eta_N \cos\varphi_N$。

4）额定效率 η_N。指电动机额定运行时的效率。

5）额定功率因数 $\cos\varphi_N$。指电动机额定运行时，定子绕组相电压与相电流相位差的余弦值。

6）额定转速 n_N。指电动机额定运行时的转速，单位 r/min。

7）额定频率 f_N（Hz）。指电动机定子绕组所加交流电源的频率，我国工业用交流电源的标准频率为 50Hz。

8）容许温升和绝缘等级。电动机运行时，其温度高出环境温度的容许值叫容许温升。环境温度为 40℃，容许温升为 65℃ 的电动机最高容许温度为 105℃。绝缘等级是指电动机定子绕组所用绝缘材料允许的最高温度等级，有 A、E、B、F、H、C 六级。目前一般电动机采用较多的是 E 级和 B 级。容许温升的高低与电动机所采用的绝缘材料的绝缘等级有关。常用绝缘材料的绝缘等级和最高容许温度见表 5-3。

表 5-3 绝缘等级及其最高容许温度

绝缘等级	A	E	B	F	H	C
最高容许温度/℃	105	120	130	155	180	>180

9）工作方式。按电动机在定额运行时的持续时间，分为连续工作制 S1、短时工作制 S2、断续周期工作制 S3 三类。选用电机时，不同工作方式的负载应选用对应的工作方式的电动机。

5.2.3 三相异步电动机的特性

三相异步电动机的运行特性主要是指异步电动机在运行时电动机的功率、转矩及转速相互之间的关系。

1. 电磁转矩

从三相异步电动机的工作原理分析可知，电磁转矩 T_e 是由转子电流 I_2 的转子绕组在磁场中受力而产生的，因此，电磁转矩 T_e 的大小与转子电流 I_2 和反映磁场强度的每极磁通 Φ 成正比。转子电路既有电阻又有漏电感，所以转子电流 I_2 可以分解为有功分量 $I_2\cos\varphi$ 和无功分量 $I_2\sin\varphi$ 两部分。因为电磁转矩 T_e 决定了电动机输出的机械功率（即有功功率）的大小，所以只有转子电流的有功分量 $I_2\cos\varphi$ 才能产生电磁转矩 T_e。

综上所述，可以得到异步电动机电磁转矩的物理表达式为

$$T_e = C_T \Phi I_2 \cos\varphi \tag{5-14}$$

式（5-14）中，C_T 称为转矩常数，是一个只与电机结构参数及电源频率有关的常数。上式反映了电磁转矩与主磁通、转子电流、转子功率因数这三个物理量的关系，表明电磁转矩是转子导体的有功电流切割主磁场产生的。

电磁转矩物理表达式，没有反映电磁转矩的一些外部条件，为了直接反映电源电压 U_1、转子电路参数对电磁转矩的影响，对上式继续推导（过程略），可以得出

$$T_e = C_T' U_1^2 \frac{sR_2}{R_2^2 + (sX_{20})^2} \tag{5-15}$$

式中，C_T' 为与电机结构有关的常数；R_2 为转子绕组中的电阻；X_{20} 为转子不动时的漏感抗；s 为转差率。上式反映了电磁转矩与电动机参数的关系，称为电磁转矩的参数表达式。由于电磁转矩正比于电源电压的平方，因此电源电压的下降将引起电磁转矩成平方地减小，使用三相异步电动机时应加以重视。

2. 机械特性

根据电磁转矩的参数表达式可以绘出电磁转矩 T 与转差率 s 的关系曲线 $T=f(s)$，如图 5-21 所示，称之为三相异步电动机的机械特性曲线。在机械特性的 cd 段，负载增大使转速减小时，电磁转矩沿机械特性减小，使转速进一步减小直至 $n=0$，因此异步电动机在 cd 段不能稳定运行。在机械特性的 ac 段中，负载转矩增大使转速减小时，电磁转矩沿机械特性相应增大，直至电磁转矩与负载转矩重新平衡，异步电动机以较低的转速重新稳定运行，因此 ac 段称

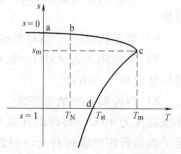

图 5-21 三相异步电动机的机械特性曲线

为稳定运行段。在稳定运行段，负载转矩变化时，异步电动机的转速变化不大，此类机械特性被称为硬特性。

当定子绕组外加的电源电压和频率为额定值，不改变电动机本身的参数并按规定连接时，电动机的机械特性称为固有特性。固有特性有如下几个特殊点。

（1）额定转矩点（S_N，T_N） 电动机在额定电压下，带上额定负载，以额定转速运行，输出额定功率时的电磁转矩称为额定转矩。忽略空载转矩时，就等于额定输出转矩，用 T_N 表示。额定转矩可以由铭牌数据计算

$$T_N = 9550 \frac{P_N}{n_N} \tag{5-16}$$

式（5-16）中，P_N 为异步电动机的额定功率，单位为 kW；n_N 为异步电动机的额定转速，单位为 r/min；T_N 为异步电动机的额定转矩，单位为 N·m。

（2）最大转矩点（S_m，T_m） 在机械特性曲线上，转矩的最大值称最大转矩 T_m，它是稳定区与不稳定区的分界点。此时的转差率 S_m 称为临界转差率。电动机正常运行时，最大负载转矩不可超过最大转矩，否则电动机将带不动，转速越来越低，发生所谓的"闷车"现象，此时电动机电流会升高到电动机额定电流的4~7倍，使电动机过热，甚至烧坏。为此将额定转矩 T_N 选得比最大转矩 T_m 低，使电动机能有短时过载运行的能力。通常用最大转矩 T_m 与额定转矩 T_N 的比值即过载系数 λ_m 来表示过载能力，即 $\lambda_m = T_m/T_N$。一般三相异步电动机的过载系数 λ_m 为 1.8~2.2。

（3）起动转矩点（1，T_{st}） 电动机在接通电源起动的最初瞬间，$n=0$，$s=1$ 时的转矩称为起动转矩 T_{st}。起动转矩 T_{st} 与额定转矩 T_N 的比值 λ_{st}，称为电动机的起动系数，即 $\lambda_{st} = T_{st}/T_N$。三相异步电动机起动时，虽然转子电流很大，但因转子功率因数很低，起动转矩并不大。普通笼型转子三相异步电动机的起动系数为 1~1.8。

例 5-2 已知一台三相 50Hz 绕线转子异步电动机，额定功率 100kW，额定转速 950r/min，过载能力 $\lambda_m = 2.4$，求该电机的额定转矩和最大转矩。

解：$T_N = 9550 \frac{P_N}{n_N} = 9550 \times \frac{100}{950} \text{N·m} = 1005.3 \text{N·m}$

$T_m = \lambda_m T_N = 2.4 \times 1005.3 \text{N·m} = 2412.72 \text{N·m}$

5.2.4 三相异步电动机的控制方法

1. 三相异步电动机的起动

电动机接电源、转速由零开始增大到稳定状态的过程称为起动过程。主要从以下几个方面衡量异步电动机起动性能的好坏：1）电动机应有足够大的起动转矩；2）在保证一定大小的起动转矩的前提下，起动电流越小越好。

异步电动机在起动的最初瞬间，转差率 $s=1$，转速 $n=0$，旋转磁场以最大的相对转速切割绕组，转子电流达到最大值，这时定子电流也达到最大值，约为额定电流的4~7倍。起动电流太大将造成一些不良后果。例如，使供电线路的电压下降，影响线路上其他电气设备的正常运行，同时，供电线路的电压下降也使起动电动机的起动转矩成平方地减小，导致起动困难；使起动电动机绕组过热，加速其绝缘材料的老化，甚至引起保护装置动作切断电源而造成起动失败。

因此,三相异步电动机的起动问题,就是设法将起动电流限制在允许范围内,设法使起动转矩满足实际起动要求。

(1) 直接起动 直接起动是最简单的起动办法。对于一般小型的笼型异步电动机,如果电动机的起动转矩满足实际要求,且起动电动机的容量在 10kW 以下或其起动电流满足下式的关系

$$\frac{I_{st}}{I_N} \leq \frac{1}{4}\left(3 + \frac{供电变压器容量}{起动电动机容量}\right) \tag{5-17}$$

那么允许直接起动。直接起动时,起动电流很大,一般选取熔断器的额定电流为电动机额定电流的 2.5~3.5 倍。

(2) 笼型异步电动机的减压起动 如果笼型异步电动机的额定功率超出了允许直接起动的范围,则应采用减压起动。减压起动是指电动机在起动时降低加在定子绕组上的电压,起动结束时加额定电压运行的起动方式。减压起动虽然能降低电动机起动电流,但由于电动机的起动转矩与电压的平方成正比,因此减压起动时电动机的转矩减小较多,故此法一般适用于电动机空载或轻载起动的场合。减压起动的方法有以下几种:

1) 定子串电阻或电抗器起动。采用定子串电阻或电抗器起动时,较大的电流将在定子电路中所串联的电阻或电抗器上产生较大的电压降,起到间接降低定子绕组电压的作用,起动电流因定子电压 U_1 的降低而减小。

当起动到转速接近稳定转速时,通过控制线路自动地切除串联电阻或电抗器,电动机继续加速直至稳定运行。

采用这两种方法起动时,起动转矩随起动电流的减小而成平方地减小,当实际起动转矩过小且小于负载转矩时,将可能出现起动失败的现象。

这两种起动方法不受电动机定子绕组连接规定的限制。但是,在起动过程中,电阻上消耗大量电能,电抗器上消耗的电能极少。中、大容量的笼型转子异步电动机采用串电抗器起动时,其电能损耗相对较小。这两种方法只适用于轻载起动。

2) 星形-三角形起动。如果电动机铭牌上规定的连接方法是三角形接法,那么在起动时将定子绕组接成星形,使定子绕组的电压降低为三角形联结时定子绕组电压的 $1/\sqrt{3}$,达到降低起动电流的目的。当起动到转速达到一定数值时,通过控制线路自动地将定子绕组改接成三角形,电动机继续加速直至稳定运行。

采用这种起动方法时,实际起动转矩等于直接起动时起动转矩的 1/3,起动转矩下降较多。

这种起动方法本身不产生损耗,方法简单,运行可靠,但是,只适用于规定连接方法为三角形接法,有六个出线端,500V 以下的电动机轻载起动。

3) 自耦变压器减压起动。自耦变压器有调节电压的作用,它通常有两至三个抽头,输出不同的电压,例如分别为电源电压的 80%、60% 和 40%,可供用户选用。起动时,利用自耦变压器将电源电压降低后再加到定子绕组上,以达到降低起动电流的目的。当起动到一定转速时,通过控制线路自动地将自耦变压器切除,电动机继续加速直到稳定运行。

这种起动方法初期投资较大,设备较笨重,控制线路相对较复杂。优点是起动电压可根据需要选择,使用灵活。而且由于其起动转矩随起动电流的减小而下降不多,是三相笼型转子异步电动机常用的起动方法,定子绕组采用Y型或△型接法都可以使用。

4）延边三角形起动。延边三角形减压起动介于自耦变压器起动与Y-△起动方法之间。如果将延边三角形看成一部分为Y型接法，另一部分为△型接法，则Y型部分比重越大，起动时电压降越多。

延边三角形起动的优点是节省金属，重量轻，缺点是电动机定子绕组必须有9个出线头，制造较为麻烦，因此，不是特殊需要，一般较少采用。

（3）绕线转子异步电动机的减压起动

1）转子串接电阻器起动。起动时在转子电路中串入三相对称电阻，起动后，随着转速的上升，逐渐切除起动电阻，直到转子绕组短接。采用这种方法起动时，转子电路电阻增加，转子电流 I_2 减小，$\cos\varphi_2$ 提高，起动转矩反而会增大。这是一种比较理想的起动方法，既能减小起动电流，又能增大起动转矩，因此适合于重载起动的场合，例如起重机械等。其缺点是绕线转子异步电动机价格昂贵，起动设备较多，起动过程电能浪费多；电阻段数较少时，起动过程转矩波动大；而电阻段数较多时，控制线路复杂，所以一般只设计为2~4段。

2）转子串接频敏变阻器起动。频敏变阻器的形状与没有副绕组且原绕组接成星形的三相变压器相同，其铁心由厚铸铁或厚钢板叠成，因此频敏变阻器的铁损耗及其等效电阻都较大，而且涡流在厚叠片内的趋表效应很明显。

起动时，转子频率很高，频敏变阻器铁损耗的等效电阻因趋表效应强烈而呈现很大的阻值，相当于转子串联对称大电阻起动，电动机的起动电流较小而起动转矩较大。在起动过程中，随着转速升高、转差率减小，转子频率（$f_2 = sf_1$）降低，涡流的趋表效应减弱，涡流路径的截面增大，即等效电阻减小，相当于平滑地切除电阻。当转速升高到接近稳定值时，将频敏变阻器切除。

这种起动方法起动性能好，起动平滑，控制线路简单，投资较少。但是，频敏变阻器不能作调速用。

2. 三相异步电动机的调速

负载不变时，通过改变电动机的参数或外部条件使转速数值改变的办法称为调速。有些生产机械在工作中需要调速，例如金属切削机床需要按被加工金属的种类、切削工具的性质等来调节转速。

电动机的转速关系式

$$n = (1-s)n_0 = (1-s)\frac{60f_1}{p} \tag{5-18}$$

可见，改变电源频率 f_1、改变磁极对数 p 或改变转差率 s 都可以实现调速。

（1）变频调速 改变电动机电源的频率时，为了保持主磁通基本不变，必须在改变电源频率的同时相应地改变电源电压，使电源电压与电网频率的比值保持不变，因此就必须有专门的变频装置。

变频调速的平滑性好，实现了无级调速，机械特性较硬。而且，变频调速可以在造价低、结构简单、运行可靠的笼型转子异步电动机上实现。目前，变频技术已趋成熟，变频装置的造价越来越低，因此，变频调速已在生产和生活中得到广泛应用。

（2）变极调速 通过改变电动机定子绕组的磁极对数 p，达到调速的目的。若磁极对数减少一半，旋转磁场的转速 n_0 就提高一倍，转子转速也几乎提高一倍，这种电动机也称多速电动机。其转子均采用笼型转子，因为感应的极对数能自动与定子相适应。

变极调速主要用于各种机床及其他设备，它所需设备简单、体积小、重量轻，但电动机绕组引出线头较多，调速级数少，是有级调速。

（3）改变转差率调速　笼型异步电动机可以通过减压调速来改变转差率。减压调速的优点是电压调节方便，对于通风机型负载，调速范围较大。因此，目前大多数的电风扇都采用串电抗器或双向晶闸管减压调速。缺点是对于常见的恒转矩负载，调速范围很小，实用价值不大。

绕线转子异步电动机转子串对称电阻分级起动，其起动电阻也可以兼作调速用。负载转矩不变时，如果增加转子电阻，那么转子电流和电磁转矩随之减小，致使电磁转矩小于负载转矩，电动机减速，转速降低，转差率增大。随着转差率的增大，转子电流和电磁转矩也随之增大，直到电磁转矩与负载转矩重新平衡时，电动机以一个较低的转速重新稳定运行。在调速过程中，转差率改变了，但旋转磁场的转速没有改变，故称为改变转差率调速。

绕线转子异步电动机转子串对称电阻调速属于有级调速，设备简单，成本低。串联电阻在调速时消耗电能，转速不稳定，电动机的效率低，轻载时调速效果差，主要用于恒转矩负载，如起重运输设备中。

3. 三相异步电动机的制动

通过使电动机产生一个方向与旋转方向相反的电磁转矩，或使电动机的旋转方向与电磁转矩方向相反，达到快速停转或限制转速目的的办法称为制动。三相异步电动机有能耗制动、反接制动和回馈制动三种制动方法。

（1）能耗制动　三相异步电动机运行时，切断三相电源的同时，在定子绕组的任意两个中通入直流电流，可以产生一个方向与旋转方向相反的电磁转矩，如图 5-22 所示。

直流电流通入定子两相绕组后，在气隙中产生恒定的磁场。三相电源切断后，惯性作用使转子仍然以原旋转方向旋转，转子导体以与原切割旋转磁场的方向相反的方向切割恒定磁场，所产生的电磁转矩方向与原电磁转矩方向相反，即与转子旋转方向相反，电磁转矩起阻碍转子旋转的作用，称为制动转矩。又因为电动机在制动过程中把转子旋转的机械能转换成电能，消耗在转子电路中，因此称为能耗制动。

能耗制动可以自行实现电动机的准确停转。

（2）反接制动

1）改变定子相序的反接制动。三相异步电动机运行时，如果改变定子三相绕组通入三相对称电流的相序，那么可以产生一个方向与旋转方向相反的电磁转矩，如图 5-23 所示。

改变定子绕组的电流相序后，旋转磁场的旋转方向与原旋转磁场的旋转方向相反。转子在惯性作用下，以与切割原旋转磁场方向相反的方向切割旋转磁场，产生的电磁转矩方向与

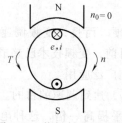
图 5-22　能耗制动原理图

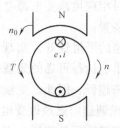
图 5-23　改变定子相序的反接制动原理图

原电磁转矩方向相反,即与转子旋转方向相反,电动机运行于制动状态。

改变定子相序的反接制动一般不能自行实现准确停转。对某些负载,如果转速下降到零时不及时切除电源,电动机将会反向起动。

2) 负载倒拉制动。三相绕线转子异步电动机提升位能(或重物)负载时,如果在转子串联适当的对称电阻,可以使电动机的旋转方向与电磁转矩方向相反,如图5-24所示。

我们知道,改变绕线转子异步电动机转子电路的电阻时,转子电流和电磁转矩随之改变,电动机将以一个新的转速稳定运行。增加转子电阻时,电动机转速下降。当转子电阻增大到一定数值时,电动机转速为零。如果在电动机提升重物时使转速为零,则重物被吊在空中不动。此时,如果再增加转子电路电阻,转子电流和电磁转矩随之减小,电磁转矩小于负载转矩使转速再减小,则电动机反向旋转下放重物。由于转子反向旋转,转子导体以与原切割旋转磁场方向相同的方向切割原旋转磁场,产生的电磁转矩方向与原电磁转矩方向相同,即转子反向旋转而与电磁转矩方向相反,电动机运行于制动状态。

这种制动方法适用于要求低速下放重物的场合。

(3) 回馈制动　当电动机处于制动状态,转子与旋转磁场同向旋转且转子转速高于旋转磁场转速时,称为回馈制动。

在需要以较高转速下放重物时,常常采用回馈制动的方法。在提升重物时,先进行改变定子相序的反接制动,使提升重物的速度下降并过渡到下放重物,下放速度逐步增加到超过旋转磁场速度时,电动机的转向与电磁转矩方向相反,电动机运行于制动状态,如图5-25所示。电动机的转子受重物的重力作用而旋转,电动机吸收转子轴上的机械能并转换成电能回送电源,因此称为回馈制动。这时,电动机的作用是限制下放速度。

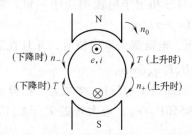

图5-24　转向改变的反接制动原理图

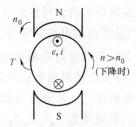

图5-25　回馈制动原理图

模块5　小　　结

1. 直流电机

1) 直流电机是直流发电机和直流电动机的总称。直流电机由定子和转子组成。定子的主要作用是建立主磁场,转子的主要作用是产生电磁转矩和感应电动势,实现能量转换。

2) 直流电机的铭牌数据包括额定功率、额定电压、额定电流、额定转速及额定励磁电压、电流等,它们是正确选择和使用电机的依据,必须充分理解每个参数的意义。

3) 直流电机的励磁方式有他励、并励、串励和复励。直流电机的磁场是由励磁电流和转子电流共同产生的。无论是电动机还是发电机,负载运行时,转子绕组都产生感应电动势和电磁转矩。转子电动势 $E_a = C_e \Phi n$，电磁转矩 $T_e = C_T \Phi I_a$。

4）直流电动机的平衡方程式表达了电动机内部各物理量的电磁关系。各物理量之间的关系可用电动势平衡方程式和转矩平衡方程式表示。

5）直流电动机的起动方法有全压起动、转子回路串电阻起动和减压起动。为了限制起动电流，通常采用减压起动和转子回路串电阻两种起动方式。直流电动机要求在起动时先加励磁电压，后加转子电压，且不允许在起动和运行中失去励磁，否则将出现"飞车"事故。

6）直流电动机的转向由电磁转矩的方向决定，电磁转矩的方向由转子外加电源的极性和励磁绕组所产生的磁场方向决定，改变两者之一的方向即可改变直流电动机的转向。

7）直流电动机的调速有电枢串电阻调速、降低电枢电压调速和减弱磁通调速三种方法。

8）直流电动机有机械制动和电气制动两种制动方式。电气制动有能耗制动、反接制动和回馈制动三种方法。

2. 交流电动机

1）三相异步电动机主要由定子和转子构成，按转子结构的不同，可分为笼型异步电动机和绕线转子异步电动机。笼型异步电动机结构简单、维护方便、价格便宜，应用最为广泛。绕线转子异步电动机可外接变阻器，起动、调速性能好。

2）三相异步电动机的定子绕组通入对称三相交流电就产生旋转磁场，旋转磁场与转子绕组作相对运动，在转子绕组内产生感应电动势和电流，此电流又与旋转磁场相互作用，使转子绕组受到电磁力的作用产生转矩而旋转起来。异步电动机的转子绕组和旋转磁场之间必须有相对运动，即转子的额定转速总是低于并接近于旋转磁场的转速。

3）旋转磁场的转速 $n_0 = 60f_1/p$，旋转磁场的方向与三相定子电流的相序一致，将三根电源线中任意两根对调，可使电动机反转。转差率 $s = (n_0-n)/n_0$。

4）三相异步电动机的额定功率 P_N 是指电动机电压、电流都为额定值时，并且在额定转速下，转轴上所能输出的机械功率。额定功率 $P_N = \sqrt{3} U_N I_N \eta_N \cos\varphi_N$。

5）三相异步电动机的电磁转矩 T 与转差率 s 的关系曲线 $T=f(s)$，称之为三相异步电动机的机械特性曲线。三相异步电动机的额定转矩 $T_N = 9550 P_N/n_N$；最大转矩 $T_m = \lambda_m T_N$，λ_m 为过载系数；起动转矩 $T_{st} = \lambda_{st} T_N$，$\lambda_{st}$ 为起动系数。

6）三相异步电动机的起动可分为直接起动和减压起动。直接起动电流较大，对电网和其他用电设备有一定影响。笼型异步电动机减压起动的方法有：定子串电阻或电抗器起动、星形—三角形起动、自耦变压器减压起动和延边三角形起动。绕线转子异步电动机减压起动的方法有：转子串接电阻器起动、转子串接频敏变阻器起动。

7）三相异步电动机的调速可以通过改变电源频率 f、改变磁极对数 p 或改变转差率 s 来实现。

8）三相异步电动机常用的制动方法有能耗制动、反接制动和回馈制动。

模块 5 习 题

5-1 直流电机由哪几部分构成？各有什么作用？
5-2 直流发电机和直流电动机的工作原理有什么不同？

5-3　在直流电机中，为什么要用电刷和换向器，他们起什么作用？

5-4　为什么直流电机的转子要用表面有绝缘层的硅钢片叠压而成？

5-5　直流电机有哪几种励磁方式？在各种不同的励磁方式的电机里，电机的输入、输出电流与转子电流和励磁电流有什么关系？

5-6　直流电动机为什么不能直接起动？采用什么方法起动？

5-7　什么是直流电动机的机械特性、固有特性、人为特性？

5-8　什么是调速？他励直流电动机有哪些方法进行调速？它们的特点是什么？

5-9　直流电动机用电枢电路串电阻的办法启动时，为什么要逐渐切除启动电阻？如切除太快，会带来什么后果？

5-10　他励直流电动机有哪几种制动方法？试比较各种制动方法的优缺点。

5-11　一台他励直流电动机所拖动的负载转矩 T_L = 常数，当电枢电压或电枢附加电阻改变时，能否改变其运行状态下电枢电流的大小？为什么？这个拖动系统中哪些参数要发生变化？

5-12　一台直流发电机，其部分铭牌数据如下：P_N = 180kW，U_N = 230V，n_N = 1450r/min，η_N = 89.5%，试求：（1）该发电机的额定电流；（2）电流保持为额定值而电压下降为100V时，原动机的输出功率（设此时 $\eta = \eta_N$）。

5-13　已知某他励直流电动机的铭牌数据如下：P_N = 7.5kW，U_N = 220V，n_N = 1500r/min，η_N = 88.5%，试求该电动机的额定电流和转矩。

5-14　一台他励直流电动机，P_N = 30kW，U_N = 220V，I_N = 150A，n_N = 1000r/min，R_a = 0.2Ω，试求额定负载时：（1）电枢回路串入 0.1Ω 时，电动机的稳定转速 n；（2）将电源电压调至 200V 时，电动机的稳定转速 n'。

5-15　一台他励直流电动机，P_N = 26kW，U_N = 230V，I_N = 113A，n_N = 960r/min，电枢电阻 R_a = 0.04Ω，负载不变。若采用调压调速，转子电压降低为额定电压的 80%，求电机的转速和转子电流。

5-16　简述三相异步电动机的工作原理。

5-17　什么叫三相异步电动机的同步转速？它与哪些因素有关？

5-18　三相异步电动机旋转磁场产生的条件是什么？其转向取决于什么？其转速的大小与哪些因素有关？

5-19　什么叫三相异步电动机的减压起动？笼型异步电动机有哪几种减压起动的方法？

5-20　三相异步电动机磁极对数 p = 3，电源频率 f_1 = 50Hz，电机额定转速 n_N = 960r/min。求：转差率 s。

5-21　有一台四极三相电动机，电源频率为 50Hz，带负载运行时的转差率为 0.03，求同步转速和实际转速。

5-22　两台三相异步电动机的电源频率为 50Hz，额定转速分别为 1430r/min 和 2900r/min，试问它们的磁极对数各是多少？额定转差率分别是多少？

5-23　已知三相异步电动机极对数 p = 2，额定转速 n_N = 1450r/min，电源频率 f = 50Hz，求额定转差率 s。该电动机在进行变频调速时，频率突然降为 f' = 45Hz，求此时对应的转差率 s'，并问此时电机在何种状态下运行？

5-24　Y225-4 型三相异步电动机的技术数据如下：380V、50Hz、△接法，定子输入功

率 $P_{1N}=48.75\text{kW}$，定子电流 $I_{1N}=84.2\text{A}$、额定转差率 $s_N=0.013$，轴上输出额定转矩 $T_N=290.4\text{N}\cdot\text{m}$，求：（1）电动机的额定转速 n_N；（2）轴上输出的机械功率 P_N；（3）功率因数 $\cos\varphi_N$；（4）效率 η_N。

5-25 一台三相异步电动机的额定功率为 4kW，额定电压为 220V/380V，△/丫连接，额定转速为 1450r/min，额定功率因数为 0.85，额定效率为 0.86。试求：（1）额定运行时的输入功率；（2）定子绕组连接成丫形和△形时的额定电流；（3）额定转矩。

5-26 有一台三相异步电动机 $P_N=20\text{kW}$，$U_N=380\text{V}$，$T_S/T_N=1.3$，$n_N=2960\text{r/min}$，试求电动机的额定转矩 T_N、起动转矩 T_S。

5-27 有一台四极三相异步电动机，已知额定功率 $P_N=3\text{kW}$，额定转差率 $s_N=0.03$，过载系数 $T_m/T_N=2.2$，电源频率 $f=50\text{Hz}$。求该电动机的额定转矩和最大转矩。

5-28 有一台三相异步电动机，其铭牌数据如下：30kW，1470r/min，380V，△接法，$\eta=85\%$，$\cos\varphi=0.9$，起动电流倍数为 $I_{st}/I_N=6.5$，起动转矩倍数为 $T_{st}/T_N=1.5$，采用丫-△减压起动，试求：（1）该电动机的额定电流；（2）电动机的起动电流和起动转矩。

模块 6

供配电系统及安全用电

电能是现代工业与社会的血液，是现代人们生产和生活的重要能源。电能是一种使用方便、清洁的二次能源。由于电能不仅便于输送和分配，易于转换，而且便于控制、管理和调度，易于实现自动化，因此，电能已广泛应用于国民经济、社会生产和人民生活的各个方面。绝大多数电能都由电力系统中的发电厂提供。

电力系统是由发电厂、变电所、电力线路和电能用户组成的一个发电、变电、输电、配电和用电的整体，它的功能是完成电能的生产、输送和分配。其中连接发电厂和用户的变电、输电和配电三个环节的整体称为电力网。供配电系统是电力系统的电能用户，是电力系统重要组成部分。

本模块主要讲述电力系统的组成，各部分作用，供配电系统的基本概念，配电电压的选择，低压配电线路的结构，触电的概念及类型，影响人体触电的因素，触电方式，防止触电的保护措施以及触电急救的常识。

6.1 供配电系统概述

6.1.1 电力系统

在电力系统中，电能是由发电厂的发电机发出的，经过升压变压器升压后，再经过电力线路进行传输，送到变电所，经过变电所的降压变压器降压后再送给用户，如图 6-1 所示。整个过程几乎是在同一时刻完成的。

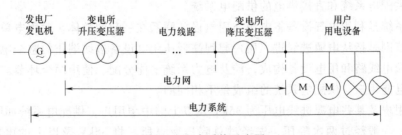

图 6-1 电力系统示意图

1. 发电厂

发电厂是将自然界蕴藏的各种一次能源转换成电能（二次能源）的工厂。发电厂的种类很多，根据所利用能源的不同，有火力发电厂、水力发电厂、原子能发电厂、地热发电厂、潮汐发电厂、风力发电厂、太阳能发电厂等。在现代的电力系统中，各国都以火力发电厂和水力发电厂为主。近些年来，各国正在大力发展核能发电。

2. 变电所

变电所是接收电能、变换电压和分配电能的枢纽，是发电厂和用户间的重要环节。按照变压的性质和作用的不同，变电所可以分为升压变电所和降压变电所两种。按其作用和地位又可分为枢纽变电所、区域枢纽变电所和终端变电所。

当仅有配电装置用来接收电能和分配电能，无须变压器进行电压的变换时，则称为配电所。

3. 电力线路

电力线路是进行电能输送的通道，它把发电厂、变电站和电能用户连接起来。按用途及电压等级分为输电线路和配电线路。电压在35kV及以上的电力线路称为输电线路；电压在10kV及以下的电力线路称为配电线路。电力线路一般由架空线路及电缆线路组成。

4. 电力负荷

在电力系统中，一切消耗电能的用电设备均称为电能用户或电力负荷。从电力系统中汲取电能，并将电能转化为机械能、热能、光能等，如电动机、照明设备等。

根据供电的可靠性及中断供电在政治、经济等方面造成的影响及损失的程度来分级，电力负荷可以分为三个级别，且各级别的负荷分别采用相应的供电方式供电。

一级负荷：中断供电，将会造成人身伤亡，将对政治、经济造成重大损失，将造成公共场所严重混乱。这类负荷要求由两个独立的电源供电，当其中一个电源发生故障时，另一个电源应不致同时受到损坏。

二级负荷：中断供电，将在政治、经济上造成较大损失，将造成公共场所混乱，这类负荷应由两个回路供电。

三级负荷：所有不属于一、二级负荷的其他负荷均属于三级负荷。通常三级负荷对供电无特殊要求，较长时间停电也不会直接造成用户的经济损失。

6.1.2 供配电系统

供配电系统是电力系统的电能用户，是电力系统的一个重要组成部分。按用户用电性质分为工业企业供配电系统和民用建筑供配电系统。按用户的用电规模分为二级降压的供配电系统、一级供配电系统和直接供电的供配电系统。

供配电系统是利用电气设备将电源与用电设备联系在一起的整体。对用电单位来说，供配电系统的范围是指从电源进线进入用户起到高低压用电设备进线端止的整个电路系统。由变配电所、配电线路和用电设备构成，涉及电力系统电能分配、使用两个环节。对于不同容量或类型的电能用户，供配电系统的组成是不相同的。

对大型用户及某些电源进线电压为35kV及以上的中型用户，供配电系统如图6-2所示，电源进厂后，一般经过两次降压，先经过总降压变电所，将35kV及以上的电源电压降为6~10kV的配电电压，然后通过高压配电线路将电能送到各个车间变电站，也有的经高压配电所再送到车间变电所，最后经配电变压器降为一般低压用电设备所需的电压。

对于电源进线电压为6~10kV的中型用户，一般电能先经高压配电所集中，再由高压配电线路将电能分送到各车间变电所，或由高压配电线直接供给高压用电设备。车间变电所内装有电力变压器,可将 6~10kV 的高压降为低压用电设备所需要的电压,然后由低压配电线路将电能分送给各用电设备使用。

对于小型用户,由于所用容量一般不超过 1000kV·A 或比 1000kV·A 稍多,因此通常只设一个降压变电所。当用户所需容量不大于 160kV·A 时,一般采用低压电源进线,此时用户只设一个低压配电间。

供配电系统必须达到安全、可靠、优质、经济,要做到提高供电电压、简化配电的层次、推广配电智能化技术,以适应发展要求。

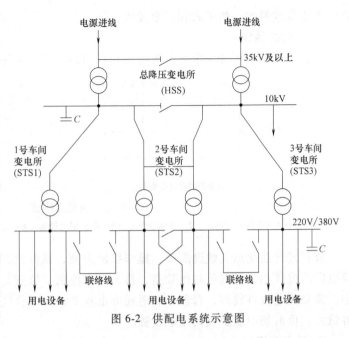

图 6-2 供配电系统示意图

6.2 变配电常识

变电是通过电压变换装置将低电压变换为高电压或将高电压变换为低电压的过程。它是电力系统中的重要组成部分。

配电是通过高压输电线路的远距离输送,在到达用电负荷中心后,将电能分别配送至各个用户的过程。配电是在消费电能地区内将电力分配至用户的手段,直接为用户服务。供电系统中将 1kV 以上额定电压称为高压,额定电压在 1kV 以下电压称为低电压。根据电压的高低,配电又分为高压配电和低压配电。

6.2.1 配电电压的选择

1. 高压配电电压的选择

通过综合的技术经济指标分析,以 10kV 作为配电电压等级较为合理;但是当用户有大量的 6kV 高压电动机时,可采用 6kV 作为配电电压;当有大量的 3kV 高压电动机时,目前一般也采用 10kV 作为配电电压;如果当地电源电压为 35kV 或 66kV,而厂区环境也允许,传统上采用 35kV 或 66kV 电压等级作为配电电压。

2. 低压配电电压的选择

在我国低压配电电压通常采用 380/220V 的配电方式。这种配电方式可以供给照明和动力合一的混合负载。在某些特殊场合,例如矿井下,因用电负荷往往离变配电所较远,为保证远端负荷的电压水平,要采用 660V 电压等级。

6.2.2 低压配电线路

低压配电线路是由配电室(配电箱)、低压线路、用电线路组成。低压配电线路的连接方式主要是放射式、树干式和环形接线。

1. 放射式接线

放射式接线又可分为单回路放射式和双回路放射式两种，如图 6-3 所示。

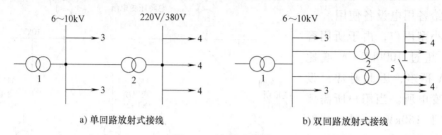

a) 单回路放射式接线　　　　b) 双回路放射式接线

图 6-3　放射式接线

1—总降压变电站　2—车间变电站　3—高压用电设备　4—低压用电设备　5—隔离开关

放射式接线优点是敷设简单，操作维护方便，线路之间互不影响，一旦发生线路故障，停电影响范围小，供电可靠性较高，易于集中控制。缺点是，一般情况下，母线出线回路较多，需要配电设备较多，有色金属消耗量也较多，所以投资较高。这种配电方式一般运用于容量大、负荷集中或重要的用电设备。

2. 树干式接线

树干式接线又可分为直接连接树干式与链串型树干式两种，如图 6-4 所示。

直接连接树干式的优点是配电系统出线回路减少，敷设简单，配电设备的数量较少，从而可减少有色金属消耗量，节省投资；缺点是线路故障影响的停电范围大，供电可靠性差，一般只适用于三级负荷。

为了充分发挥树干式系统的优点，尽可能减轻其缺点所造成的影响，可以采用链串型树干式接线。它适用于用电设备的布置比较均匀、容量不大、又无特殊要求的场合。

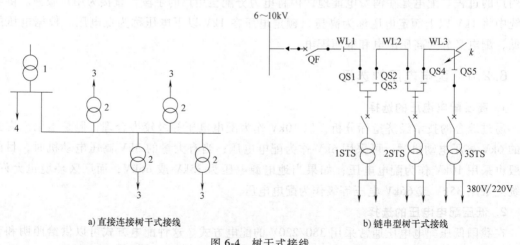

a) 直接连接树干式接线　　　　b) 链串型树干式接线

图 6-4　树干式接线

1—总降压变电站　2—车间变电站　3—低压用户　4—高压用户

3. 低压环形接线

一个企业的全部变压器的低压侧都可以通过低压联络线相互连接成环形，组成环形接线方式，如图 6-5 所示。这种接线方式的供电可靠性较高。任一段线路发生故障或检修时，都不能造成供电中断或短时停电,一旦切换电源的操作完成,能立即恢复供电。但缺点是系统保护装置的整定配合比较复杂,如果配合不当,容易发生误动作,反而会扩大停电范围。实际上,低压环形接线常采用"开口"方式运行。

6.3 安全用电

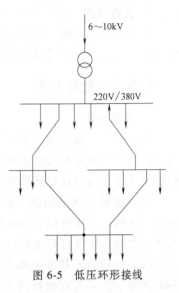

图 6-5 低压环形接线

所谓触电是指电流流过人体时对人体产生的生理和病理伤害。这种伤害分为电伤和电击两种。

电伤是指电流对人体外部造成的局部损伤。电伤从外观看一般有电弧烧伤、电的烙印和皮肤金属化等伤害。

电击是指电流通过人体时,使人的内部组织受到较为严重的损伤。电击会使人觉得全身发热、发麻,肌肉发生不由自主的抽搐,逐渐失去知觉。

调查表明,绝大部分的触电事故都是由电击造成的。电击伤害的程度取决于通过人体电流的大小、持续时间、电流的频率以及电流通过人体的途径等。

6.3.1 影响人体触电后果的因素

1. 电流强度

通过人体的电流越大,人体的生理反应越强烈,对人体的伤害也越严重。按照人体对电流的反应程度和电流对人体的伤害程度,电流可分为感知电流、摆脱电流和致命电流。一般对健康成年人来说,在工频电流下:

1)感知电流是能引起人体感觉的最小电流。一般成年男性为 1.1mA,成年女性为 0.7mA。

2)摆脱电流是人触电后能自主摆脱的最大电流。一般成年男性为 16mA,成年女性为 10mA。

3)致命电流是在短时间内危及生命的最小电流,一般为 30~50mA。

我们把人体触电后最大的摆脱电流称为安全电流。我国规定安全电流为 10mA,并且通电时间不超过 1s。

2. 触电时间

触电致死在生理上的表现是心室颤动。电流通过人体的时间越长,越容易引起心室颤动,触电的后果也越严重。

3. 电流性质

人体对不同频率的电流在生理上的敏感性是不同的,具体说,直流、工频交流和高频交流电流通过人体时其对人体的危害程度是不同的。直流电流对人体的伤害较轻,工频交流对人体的伤害最为严重。

4. 电流路径

电流对人体的伤害,随着路径的不同,程度也不同。电流通过人体的心脏、肺部和中枢神经系统的危险性比较大,特别是电流通过心脏时危险最大。

5. 人体状况

经试验研究表明，触电危险性与人体的状况有密切关系。触电者的性别、年龄、人体电阻、心理及精神状态等都会使电流对人体的危害程度有所差异。

6.3.2 触电方式

1. 单相触电

在人体与大地之间互不绝缘的情况下，人体的某一部位触及三相电源线中的任意一根导线，电流从带电导线经过人体流入大地而造成的触电方式称为单相触电，如图6-6所示。单相触电又可分为中性点接地和中性点不接地两种情况。

（1）中性点接地的单相触电　在中性点接地的电网中，发生单相触电的情形如图6-6a所示。这时，人体所触及的电压是相电压，在低压动力和照明线路中为220V。电流经相线、人体、大地和中性点接地装置而形成通路，触电的后果往往很严重。

（2）中性点不接地的单相触电　在中性点不接地的电网中，发生单相触电的情形如图6-6b所示。当站立在地面的人手触及某相导线时，由于相线与大地间存在电容，所以，触电的这一相通过人体及另外两相和大地间的电容构成电流通路；造成人体有电流流过。一般说来，导线越长，对地的电容电流越大，其危险性越大。

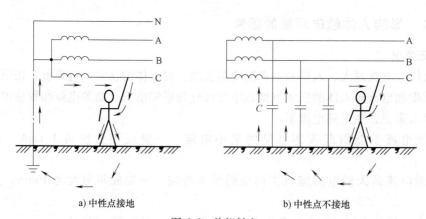

a) 中性点接地　　　　　b) 中性点不接地

图6-6　单相触电

2. 两相触电

在人体与大地绝缘的情况下，人体的不同部分同时分别触及同一电源的任何两相导线的触电方式称为两相触电，也叫相间触电。这种触电方式人体承受线电压的作用，电流由一根相线经人体到另一根相线，比单相触电更危险，如图6-7所示。

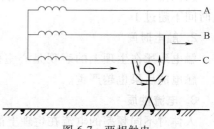

图6-7　两相触电

3. 跨步电压触电

当带电体接地时，有电流向大地扩散，在地面上以接地点为中心形成不同的电位，人在接地点周围，两脚之间出现的电位差即为跨步电压，由此引起的触电称为跨步电压触电，如图6-8所示。线路电压越高，离落地点越近，触电危险性越大。一般在20m之外，跨步电压就降为零。当发现跨步电压威胁时应赶快把双脚并在一起，或赶快单腿跳出危险区，否则，因触电时间长，也会导致触电死亡。

6.3.3 防止触电的保护措施

1. 使用安全电压

所谓安全电压，是指人体触电后，不会使人致死或致残的电压。

我国根据不同的环境条件，规定安全电压等级为36V、24V、12V，一般的环境条件下规定36V为安全电压，如果环境潮湿，安全电压就要规定得低一些。

2. 保护接地

为保证人身安全，防止人体接触设备外露部分（金属外壳或金属构架）而触电，在中性点不接地系统中，设备外露部分必须与大地进行可靠电气连接，即保护接地。保护接地适用于中性点不接地的低压电网。

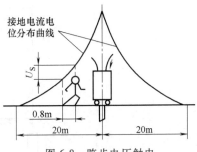

图6-8 跨步电压触电

在中性点不接地系统中，设备外壳不接地并且意外带电，外壳与大地间存在电压，人体触及外壳，人体将有电流流过，如图6-9a所示。如果将外壳接地，人体触及带电的外壳时，人体与接地体相当于两个电阻并联，人体电阻通常为1700Ω，接地电阻通常不大于4Ω，人体电阻比接地体电阻大得多，因此，流过人体的电流很小，保证了人体的安全，如图6-9b所示。

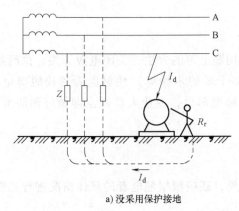

a) 没采用保护接地　　　　b) 采用了保护接地

图6-9 保护接地

3. 保护接零

在电源中性点接地的系统中，将设备需要接地的外露部分与电源中性线进行可靠的电气连接，称为保护接零。它适用于中性点接地的低压系统。

当设备外壳接零后，若设备的某一相绝缘损坏而碰壳时，则相当于该相短路，立即使保护电器动作，迅速切断电源，消除触电危险，如图6-10所示。

4. 漏电保护装置

国家规定，凡移动式设备及手持电动工具，必须装设漏电保护装置，以确保安全。通常选用工作电流为30~50mA，动作时间为0.1s的剩余电流断路器。

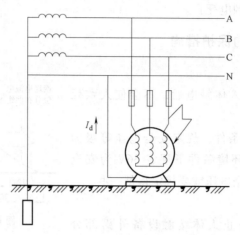

图 6-10 保护接零

6.4 触电急救

人触电后不一定会立即死亡，会出现神经麻痹、呼吸中断、心脏停搏等症状，外表上呈现昏迷的状态，此时要看作是假死状态，如现场抢救及时，方法得当，人是可以获救的。有统计资料指出，触电后 1min 开始救治者，90%有良好效果；触电后 12min 开始救治者，救活的可能性就很小。所以触电急救是至关重要的。

6.4.1 脱离电源

当发生触电时，应迅速将触电者撤离电源，切断电源的方法是关闭电源开关、拉闸或拔去插销；如果不能关断电源，必须用绝缘物（如干燥的木棒等）使触电者尽快脱离电源。急救者切勿直接接触触电者，防止自身触电。关断电源后，专业人员须立即做好预防准备，保证高压设备不会意外重新合闸。

6.4.2 现场急救

当触电者脱离电源后，除及时拨打急救电话外，还应根据触电者的具体情况进行必要的现场诊断和抢救。

1）如果触电者神志清醒，但有些心慌、四肢发麻、全身无力或触电者在触电过程中曾一度昏迷，但已清醒过来。应使触电者安静休息、不要走动，严密观察，必要时送医院诊治。

2）如果触电者已经失去知觉，但心脏还在跳动，还有呼吸，应使触电者在空气清新的地方舒适、安静地平躺，解开妨碍呼吸的衣扣、腰带。如果天气寒冷要注意保持体温。

3）如果触电者失去知觉，停止呼吸，但心脏还在跳动，应立即进行口对口人工呼吸。救护方法如图 6-11 所示。使触电者仰卧平地上，鼻孔朝天脖颈后仰，首先清理口腔和鼻腔的杂物，然后松开领口，解开衣服。救护人员做深呼吸后，捏鼻子紧贴嘴吹气，吹气要适量，排气时应让口鼻通畅。吹 2s 停 3s，5s 一次较为适当。

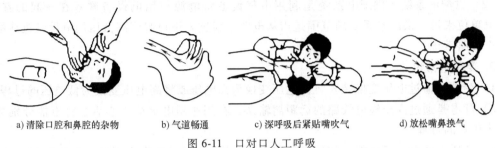

a) 清除口腔和鼻腔的杂物　　b) 气道畅通　　c) 深呼吸后紧贴嘴吹气　　d) 放松嘴鼻换气

图 6-11　口对口人工呼吸

4）如果触电者有呼吸但没有心跳时，应立即进行心脏复苏。救护方法如图 6-12 所示，使触电者仰卧硬地上，松开领口，解开衣服，将一只手的掌根放在心窝稍高一点的地方（胸骨的下三分之一部位），中指对应凹膛处，另一只手压在那只手上，呈两手交叠状（对儿童可用一只手）。掌根用力向下按，压下一寸至半寸。压力轻重要适当，过分用力会压伤。慢慢压下突然放开（但手掌不要离开胸部），一秒一次较为适当。

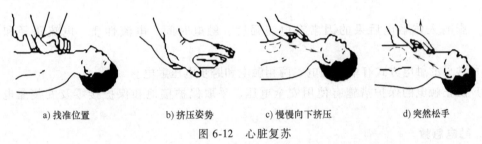

a) 找准位置　　b) 挤压姿势　　c) 慢慢向下挤压　　d) 突然松手

图 6-12　心脏复苏

5）当触电者既无呼吸又无心跳时，可以同时采用人工呼吸与心脏复苏法。应先口对口（鼻）吹气两次（约 5s 内完成），再做心脏复苏按摩 15 次（约 10s 内完成），以后交替进行。

进行急救时，触电者呼吸心跳停止后恢复较慢，因此抢救时要有耐心。施行心脏复苏不得中途停止，即使在救护车上也要进行，一直等到急救医务人员到达，由他们接替并采取进一步的急救措施。

模块 6 小　　结

1. 供配电系统概述

（1）电力系统　电力系统是由发电厂、变电所、电力线路和电能用户组成的一个发电、变电、输电、配电和用电的整体。

1）发电厂是将自然界蕴藏的各种一次能源转换成电能（二次能源）的工厂。

2）变电所是接收电能、变换电压和分配电能的枢纽。

3）电力线路是进行电能输送的通道。

4）电力负荷是在电力系统中，一切消耗电能的用电设备。根据供电的可靠性及终止供电在政治、经济等方面造成的影响及损失的程度来分级，用电负荷可以分为一级负荷、二级负荷和三级负荷。

（2）供配电系统　供配电系统是利用电气设备将电源与用电设备联系在一起的整体。对用电单位来说，供配电系统的范围是指从电源进线进入用户起到高低压用电设备进线端止的整个电路系统。

2. 变配电常识

1）变电是通过电压变换装置将低电压变换为高电压或将高电压变换为低电压的过程。

2）配电是通过高压输电线路的远距离输送，在到达用电负荷中心后，将电能分别配送至各个用户的过程。

3）高压配电电压通过综合的技术经济指标分析，以 10kV 作为配电电压等级较为合理。低压配电电压通常采用 380/220V 的配电方式。

4）低压配电线路是由配电室（配电箱）、低压线路、用电线路组成。低压配电线路的连接方式主要是放射式、树干式和环形接线。

3. 安全用电

1）触电是指电流流过人体时对人体产生的生理和病理伤害。这种伤害分电伤和电击两种。

2）影响人体触电后果的因素有电流强度、触电时间、电流性质、电流路径和人体状况。

3）常见的触电方式有单相触电、两相触电和跨步电压触电。

4）防止触电的保护措施有使用安全电压、采取保护接地和保护接零及安装漏电保护装置。

4. 触电急救

当发生触电时，应迅速将触电者撤离电源，当触电者脱离电源后，除及时拨打急救电话外，还应根据触电者的具体情况进行必要的现场诊断和抢救。

模块 6　习　　题

6-1　什么是电力系统？试述电力系统的作用和组成。

6-2　供配电系统由哪些部分组成？什么情况下应设总降压变电站或高压配电站？

6-3　电力负荷按重要性可分为哪几级？各级负荷对供电电源有什么要求？

6-4　如何选择配电电压？

6-5　低压配电线路的连接方式有几种？

6-6　什么是触电？触电有哪几种？

6-7　常见的触电方式有几种？

6-8　安全电压是如何规定的？

6-9　什么是保护接地和保护接零？

6-10　触电急救的方法有哪些？

参 考 文 献

[1] 刘志民. 电路分析 [M]. 4版. 西安：西安电子科技大学出版社，2015.
[2] 王慧玲. 电路基础 [M]. 3版. 北京：高等教育出版社，2015.
[3] 秦增煌. 电工学 [M]. 7版. 北京：高等教育出版社，2009.
[4] 成晓燕. 电路基础 [M]. 哈尔滨：哈尔滨工程大学出版社，2008.
[5] 徐建俊. 电动机与电气控制项目教程 [M]. 2版. 北京：机械工业出版社，2015.
[6] 谭维瑜. 电动机与电气控制 [M]. 3版. 北京：机械工业出版社，2017.
[7] 何军. 电工电子技术项目教程 [M]. 2版. 北京：电子工业出版社，2014.
[8] 程周. 电工与电子技术 [M]. 北京：中国铁道出版社，2010.
[9] 杨凌. 电工电子技术 [M]. 3版. 北京：化学工业出版社，2015.
[10] 王琳. 电工电子技术 [M]. 2版. 北京：北京理工大学出版社，2010.
[11] 人力资源社会保障部教材办公室. 企业供电系统及运行 [M]. 5版. 北京：中国劳动社会保障出版社，2007.